개념이
수학의
전부다

개념수다 4
중등 수학 2 (하)

BOOK CONCEPT

술술 읽으며 개념 잡는 수학 EASY 개념서

BOOK GRADE

구성 비율   개념 ─ 문제

개념 수준   간략 ─ 알참 ─ 상세

문제 수준   기본 ─ 실전 ─ 심화

WRITERS

미래엔콘텐츠연구회
No.1 Content를 개발하는 교육 전문 콘텐츠 연구회

COPYRIGHT

인쇄일 2022년 11월 1일(1판1쇄)
발행일 2022년 11월 1일

펴낸이 신광수
펴낸곳 ㈜미래엔
등록번호 제16-67호

교육개발1실장 하남규
개발책임 주석호
개발 문희주, 이명숙, 조희수, 이선희

콘텐츠서비스실장 김효정
콘텐츠서비스책임 이승연

디자인실장 손현지
디자인책임 김기욱
디자인 권욱훈, 신수정, 유성아

CS본부장 강윤구
CS지원책임 강승훈

ISBN 979-11-6841-404-4

술술 읽으며 개념 잡는

개념수다

4

중등 수학 2 (하)

이 책의 사용법과 특장

0

개념, 점검하기

덧셈을 모르고 곱셈을 알 수는 없어요.
이전 개념을 점검하는 것부터 시작하세요!

1

개념, 이해하기

개념의 원리와 설명을 찬찬히 읽으며
자연스럽게 이해해 보세요. 이해가 어렵다면
개념 영상 강의도 시청해 보세요.
분명 2배의 학습 효과가 있을 거예요.

0 준비해 보자

개념 학습을 시작하기 전에 이전 개념을
재미있게 점검할 수 있습니다.

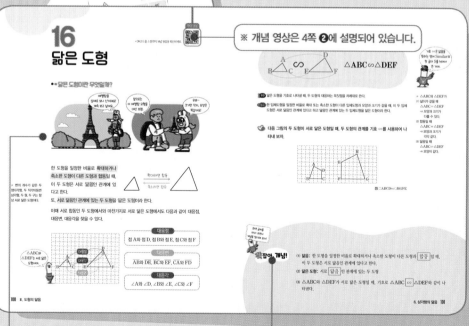

※ 개념 영상은 4쪽 **2**에 설명되어 있습니다.

1 개념 도입 만화

개념에 대한 흥미와 궁금증을 유발하는
만화입니다.

1 꽉 잡아, 개념!

중요 개념을 따라 쓰면서 배운 내용을
확인할 수 있습니다.

② 개념, 확인&정리하기

개념을 잘 이해했는지 문제를 풀어 보며
부족한 부분을 보완해 보세요. 개념 공부가 끝났으면
개념 전체의 흐름을 한 번에 정리해 보세요.

③ 개념, 끝장내기

이제는 얼마나 잘 이해했는지 테스트를 해 봐야겠죠?
QR코드를 스캔하여 문제의 답을 입력하면 자동으로
채점이 되고, 부족한 개념을 문제로 보충할 수 있어요.
이것까지 완료하면 개념 공부를 끝장낸 거예요.

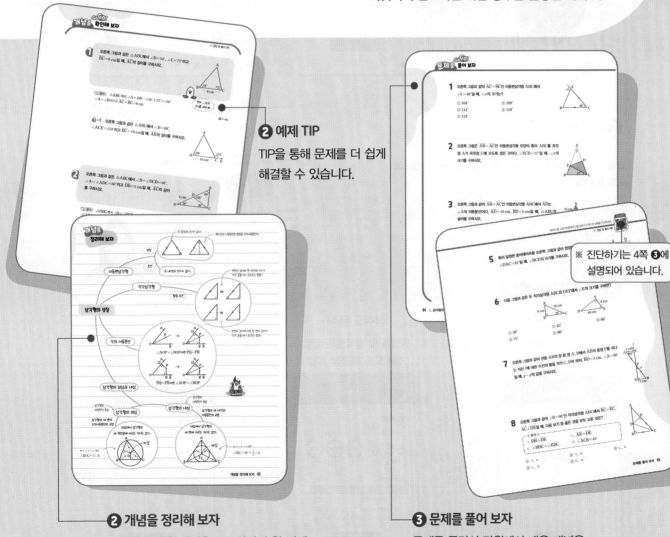

② 예제 TIP

TIP을 통해 문제를 더 쉽게
해결할 수 있습니다.

② 개념을 정리해 보자

단원에서 배운 개념을 구조화하여 한 번에
정리할 수 있습니다.

※ 진단하기는 4쪽 ③에
설명되어 있습니다.

③ 문제를 풀어 보자

문제를 풀면서 단원에서 배운 개념을
점검할 수 있습니다.

이 책의 온라인 학습 가이드

① 사전 테스트

교재 표지의 QR코드를 스캔 ≫ **사전 테스트** 이전에 배운 내용에 대한 학습 수준을 파악합니다. ≫ **테스트 분석** 정답률 및 결과에 따른 안내를 제공합니다.

② 개념 영상

교재 기반의 강의로 개념을 더욱더 잘 이해할 수 있도록 도와 줍니다.

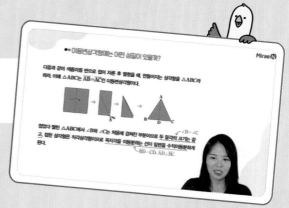

③ 단원 진단하기

전 문항 답 입력하기 모두 입력한 후 [제출하기]를 클릭합니다. ≫ **성취도 분석** 정답률 및 영역별/문항별 성취도를 제공합니다. ≫ **맞춤 클리닉** 개개인별로 틀린 문항에 대한 맞춤 클리닉을 제공합니다.

 이 책의 **차례**

I

삼각형의 성질

1
이등변삼각형

#이등변삼각형

#꼭지각 #밑변 #밑각

#수직이등분

#이등변삼각형이 되는 조건

준비 해 보자

▶ 정답 및 풀이 2쪽

● 호는 본명이나 자(字) 이외에 편하게 부를 수 있도록 지은 이름이다.

삼국시대 이래로 호가 사용되기 시작하여 조선시대에 이르러서는 일반, 사대부, 학자에 이르기까지 보편화되었다.

다음 그림에서 $\angle x$의 크기를 구하여 위인들의 호를 찾아보자.

❶ 이황(1501~1570)

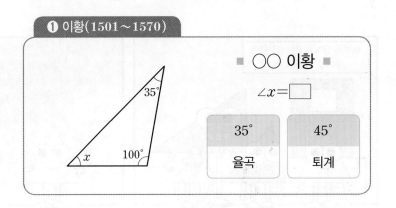

■ ○○ 이황 ■

$\angle x = \boxed{}$

35°	45°
율곡	퇴계

❷ 안중근(1879~1910)

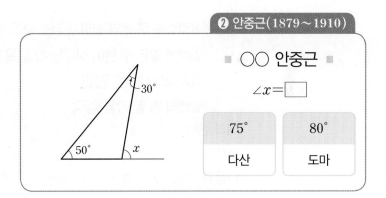

■ ○○ 안중근 ■

$\angle x = \boxed{}$

75°	80°
다산	도마

❸ 김구(1876~1949)

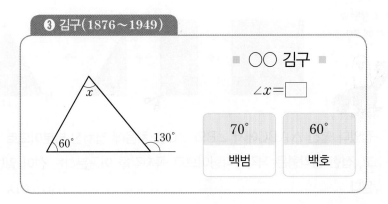

■ ○○ 김구 ■

$\angle x = \boxed{}$

70°	60°
백범	백호

01 이등변삼각형의 뜻과 성질

* QR코드를 스캔하여 개념 영상을 확인하세요.

●● 이등변삼각형에는 어떤 성질이 있을까?

이등변삼각형은 두 변의 길이가 서로 같은 삼각형이다. 이때
　　　길이가 같은 두 변이 이루는 각을 **꼭지각**,
　　　꼭지각의 대변을 **밑변**,
　　　밑변의 양 끝 각을 **밑각**
이라 한다.

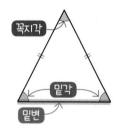

다음과 같이 색종이를 반으로 접어 자른 후 펼쳤을 때, 만들어지는 삼각형을 $\triangle ABC$라 하자. 이때 $\triangle ABC$는 $\overline{AB}=\overline{AC}$인 이등변삼각형이다.

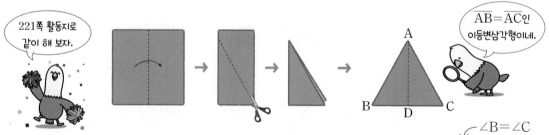

접었다 펼친 $\triangle ABC$에서 $\angle B$와 $\angle C$는 처음에 겹쳐진 부분이므로 <u>두 밑각의 크기는 같</u>고, 접힌 삼각형은 직각삼각형이므로 꼭지각을 이등분하는 선이 밑변을 수직이등분하게 된다.
$\angle B=\angle C$
$\overline{BD}=\overline{CD}, \overline{AD}\perp\overline{BC}$

먼저 이등변삼각형의 두 밑각의 크기가 같음을 확인해 보자.

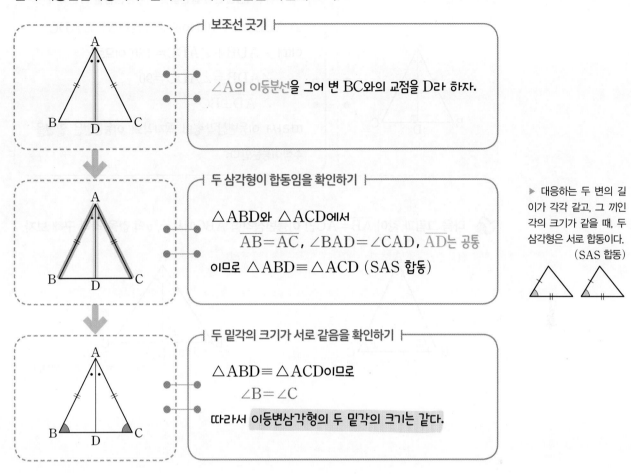

보조선 긋기

∠A의 이등분선을 그어 변 BC와의 교점을 D라 하자.

두 삼각형이 합동임을 확인하기

$\triangle ABD$와 $\triangle ACD$에서
$\overline{AB}=\overline{AC}$, $\angle BAD=\angle CAD$, $\overline{AD}$는 공통
이므로 $\triangle ABD \equiv \triangle ACD$ (SAS 합동)

▶ 대응하는 두 변의 길이가 각각 같고, 그 끼인각의 크기가 같을 때, 두 삼각형은 서로 합동이다.
(SAS 합동)

두 밑각의 크기가 서로 같음을 확인하기

$\triangle ABD \equiv \triangle ACD$이므로
$\angle B=\angle C$
따라서 이등변삼각형의 두 밑각의 크기는 같다.

또, 이등변삼각형의 꼭지각의 이등분선이 밑변을 수직이등분함을 확인해 보자.

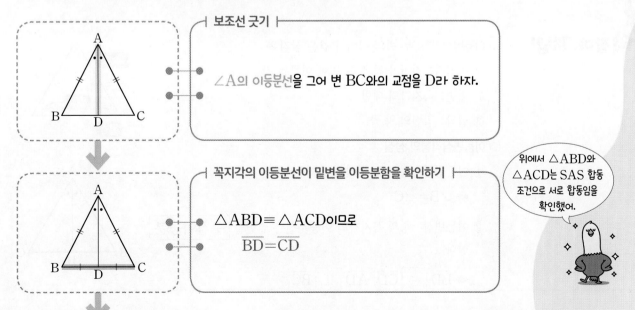

보조선 긋기

∠A의 이등분선을 그어 변 BC와의 교점을 D라 하자.

꼭지각의 이등분선이 밑변을 이등분함을 확인하기

$\triangle ABD \equiv \triangle ACD$이므로
$\overline{BD}=\overline{CD}$

위에서 $\triangle ABD$와 $\triangle ACD$는 SAS 합동 조건으로 서로 합동임을 확인했어.

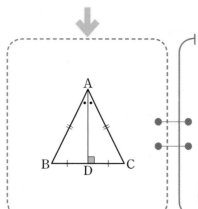

꼭지각의 이등분선이 밑변을 수직이등분함을 확인하기

$\triangle ABD \equiv \triangle ACD$이므로 $\angle ADB = \angle ADC$

이때 $\angle ADB + \angle ADC = 180°$이므로

$\angle ADB = \angle ADC = 90°$

$\therefore \overline{AD} \perp \overline{BC}$

따라서 **이등변삼각형의 꼭지각의 이등분선은 밑변을 수직이등분한다.**

 다음 그림과 같이 $\overline{AB} = \overline{AC}$인 이등변삼각형 ABC에서 x, y의 값을 각각 구해 보자.

(1)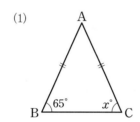

(2)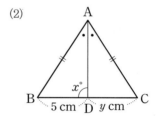

답 (1) $x = 65$ (2) $x = 90, y = 5$

회색 글씨를 따라 쓰면서 개념을 정리해 보자!

꼭 잡아, 개념!

(1) **이등변삼각형**: 두 변의 길이가 같은 삼각형

① 꼭지각: 길이가 같은 두 변이 이루는 각

② 밑변: 꼭지각의 대변

③ 밑각: 밑변의 양 끝 각

(2) **이등변삼각형의 성질**

① 이등변삼각형의 두 밑각의 크기는 같다.

➡ $\angle B = \angle C$

② 이등변삼각형의 꼭지각의 이등분선은 밑변을 수직이등분 한다.

➡ $\overline{BD}$ = $\overline{CD}$, $\overline{AD}$ ⊥ $\overline{BC}$

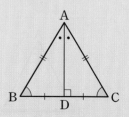

개념을 확인해 보자

1 오른쪽 그림과 같이 $\overline{AB}=\overline{AC}$인 이등변삼각형 ABC에서 ∠A=80°일 때, ∠x의 크기를 구하시오.

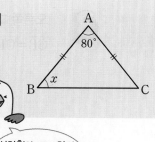

✎ **풀이** △ABC가 $\overline{AB}=\overline{AC}$인 이등변삼각형이므로

∠B=∠C   ∴ ∠$x=\dfrac{1}{2}\times(180°-80°)=50°$

삼각형의 세 내각의 크기의 합은 180°임을 이용해.

답 50°

1-1 오른쪽 그림과 같이 $\overline{AB}=\overline{AC}$인 이등변삼각형 ABC에서 ∠B=41°일 때, ∠x의 크기를 구하시오.

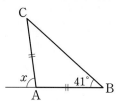

2 오른쪽 그림과 같이 $\overline{AB}=\overline{AC}$인 이등변삼각형 ABC에서 ∠A의 이등분선과 $\overline{BC}$의 교점을 D라 하자. ∠BAD=35°, $\overline{BC}=12$ cm일 때, x, y의 값을 각각 구하시오.

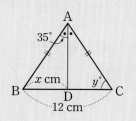

✎ **풀이** $\overline{BD}=\dfrac{1}{2}\overline{BC}=\dfrac{1}{2}\times12=6$(cm)   ∴ $x=6$

∠DAC=∠DAB=35°, ∠ADC=90°이므로 △ADC에서

∠ACD=180°-(90°+35°)=55°   ∴ $y=55$

꼭지각의 이등분선은 밑변을 수직이등분해.

답 $x=6$, $y=55$

2-1 오른쪽 그림과 같이 $\overline{AB}=\overline{AC}$인 이등변삼각형 ABC에서 ∠A의 이등분선과 $\overline{BC}$의 교점을 D라 하자. ∠C=52°, $\overline{BD}=4$ cm일 때, x, y의 값을 각각 구하시오.

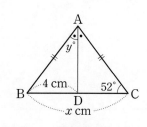

3 오른쪽 그림과 같이 $\overline{AB}=\overline{AC}$인 이등변삼각형 ABC에서 $\overline{CB}=\overline{CD}$이고 $\angle BDC=62°$일 때, $\angle x$의 크기를 구하시오.

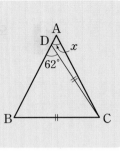

✎ **풀이**   △CDB에서 $\overline{CB}=\overline{CD}$이므로 $\angle B=\angle BDC=62°$
△ABC에서 $\overline{AB}=\overline{AC}$이므로 $\angle ACB=\angle B=62°$
∴ $\angle x=180°-2\times62°=56°$

$\overline{AB}=\overline{AC}$이므로
$\angle ACB=\angle B$임을 이용해.

답 $56°$

3-1 오른쪽 그림과 같이 $\overline{AB}=\overline{AC}$인 이등변삼각형 ABC에서 $\overline{DA}=\overline{DB}$이고 $\angle A=38°$일 때, $\angle x$의 크기를 구하시오.

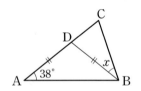

3-2 오른쪽 그림과 같은 △ABC에서 $\angle B=43°$이고 $\overline{AD}=\overline{BD}=\overline{CD}$일 때, $\angle x$의 크기를 구하시오.

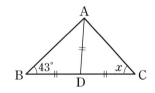

O2 이등변삼각형이 되는 조건

* QR코드를 스캔하여 개념 영상을 확인하세요.

•• 이등변삼각형이 되는 조건은 무엇일까?

우리는 '개념 **01**'에서 이등변삼각형의 두 밑각의 크기는 서로 같음을 배웠다. 거꾸로 두 내각의 크기가 같은 삼각형은 이등변삼각형이 되는지 확인해 보자.

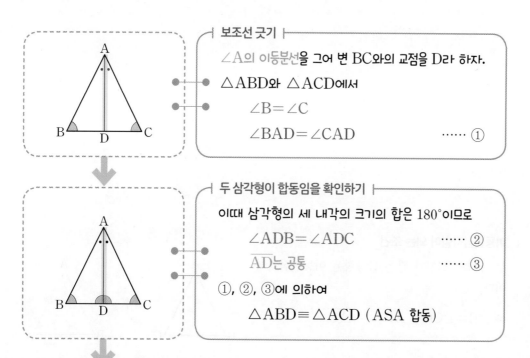

┤ 보조선 긋기 ├

∠A의 이등분선을 그어 변 BC와의 교점을 D라 하자.

△ABD와 △ACD에서

∠B＝∠C

∠BAD＝∠CAD ⋯⋯ ①

┤ 두 삼각형이 합동임을 확인하기 ├

이때 삼각형의 세 내각의 크기의 합은 $180°$이므로

∠ADB＝∠ADC ⋯⋯ ②

$\overline{AD}$는 공통 ⋯⋯ ③

①, ②, ③에 의하여

△ABD≡△ACD (ASA 합동)

▶ 대응하는 한 변의 길이가 같고, 그 양 끝 각의 크기가 각각 같을 때, 두 삼각형은 서로 합동이다.
(ASA 합동)

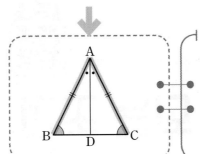

두 내각의 크기가 같은 삼각형이 이등변삼각형임을 확인하기

$\triangle ABD \equiv \triangle ACD$이므로

$$\overline{AB} = \overline{AC}$$

따라서 **두 내각의 크기가 같은 삼각형은 이등변삼각형이다.**

+참고 폭이 일정한 종이를 오른쪽 그림과 같이 접으면

$\angle BAC = \angle DAC$ (접은 각)

$\angle DAC = \angle BCA$ (엇각)

이므로 $\angle BAC = \angle BCA$

따라서 $\triangle ABC$의 두 내각의 크기가 같으므로 $\triangle ABC$는 $\overline{BA} = \overline{BC}$인 이등변삼각형이다.

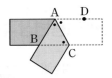

오른쪽 그림과 같은 $\triangle ABC$에서 $\angle B = \angle C = 58°$이고 $\overline{AB} = 6\ cm$일 때, $\overline{AC}$의 길이를 구해 보자.

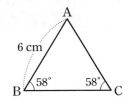

답 **6 cm**

회색 글씨를 따라 쓰면서 개념을 정리해 보자!

꽉 잡아, 개념!

이등변삼각형이 되는 조건

두 내각의 크기가 같은 삼각형은 이등변삼각형이다.

➡ $\angle B = \angle C$이면 $\overline{AB}\ \boxed{=}\ \overline{AC}$

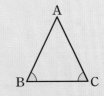 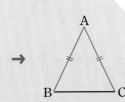

1 오른쪽 그림과 같은 △ABC에서 ∠B=54°, ∠C=72°이고 $\overline{BC}$=8 cm일 때, $\overline{AC}$의 길이를 구하시오.

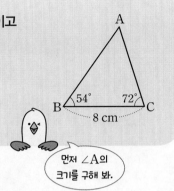

먼저 ∠A의 크기를 구해 봐.

✏️ **풀이** △ABC에서 ∠A=180°−(54°+72°)=54°
∠A=∠B이므로 $\overline{AC}$=$\overline{BC}$=8 cm

🔁 **8 cm**

1-1 오른쪽 그림과 같은 △ABC에서 ∠B=68°, ∠ACE=124°이고 $\overline{BC}$=10 cm일 때, $\overline{AB}$의 길이를 구하시오.

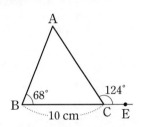

2 오른쪽 그림과 같은 △ABC에서 ∠B=∠DCB=30°, ∠A=∠ADC=60°이고 $\overline{DB}$=5 cm일 때, $\overline{AC}$의 길이를 구하시오.

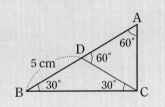

✏️ **풀이** △DBC에서 ∠B=∠DCB이므로 $\overline{DC}$=$\overline{DB}$=5 cm
△ADC에서 ∠A=∠ADC이므로 $\overline{AC}$=$\overline{DC}$=5 cm

🔁 **5 cm**

2-1 오른쪽 그림과 같은 △ABC에서 ∠A=∠ACD=55°, ∠DCB=35°이고 $\overline{AD}$=6 cm일 때, $\overline{DB}$의 길이를 구하시오.

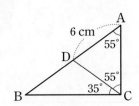

2
직각삼각형의
합동 조건

#직각삼각형의 합동 조건

#RHA 합동 #RHS 합동

#각의 이등분선의 성질

▶ 정답 및 풀이 2쪽

● '대나무 말을 타고 놀던 옛 친구'라는 뜻으로, 어릴 때부터 가까이 지내며 자란 친구를 이르는 사자성어는 무엇일까?

다음 두 삼각형이 서로 합동이면 ○, 합동이 아니면 ×에 있는 글자를 골라 사자성어를 완성해 보자.

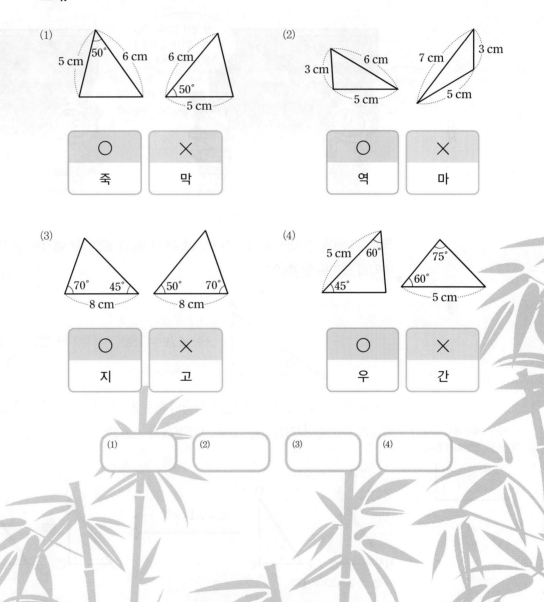

(1) | ○ | × |
|---|---|
| 죽 | 막 |

(2) | ○ | × |
|---|---|
| 역 | 마 |

(3) | ○ | × |
|---|---|
| 지 | 고 |

(4) | ○ | × |
|---|---|
| 우 | 간 |

(1)   (2)   (3)   (4)

O3
직각상각형의 합동 조건

* QR코드를 스캔하여 개념 영상을 확인하세요.

●●직각삼각형의 합동 조건은 무엇일까?

직각삼각형은 한 내각의 크기가 90°이므로 다음과 같이 **한 예각의 크기를 알면 다른 한 예각의 크기도 알 수 있다.**

$$\angle A = 180° - (90° + 35°) = 55°$$

이를 이용하면 직각삼각형에서는 삼각형의 합동 조건보다 간단한 합동 조건을 찾을 수 있다.

다음과 같이 두 직각삼각형 ABC, DEF에서 $\triangle ABC \equiv \triangle DEF$이다.

▶ 직각삼각형에서 직각의 대변을 빗변이라 한다.

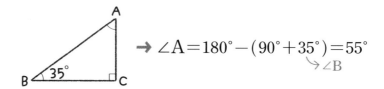

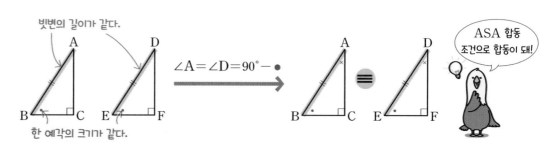

즉, **빗변의 길이와 한 예각의 크기가 각각 같은 두 직각삼각형은 서로 합동이 된다.**

앞의 합동 조건을 **RHA 합동**이라 한다.

두 직각삼각형의 **빗변**의 길이와 한 **예각**의 크기가 각각 같을 때

직각 → ↘ ↗ 각
RHA 합동
↑
빗변

➕참고 R는 Right angle(직각), H는 Hypotenuse(빗변), A는 Angle(각)의 첫 글자이다.

그런데 사실 직각삼각형의 합동 조건은 한 가지가 더 있다. 바로 빗변의 길이와 다른 한 변의 길이가 각각 같은 두 직각삼각형도 서로 합동이 된다는 것이다.

이것을 이등변삼각형의 성질을 이용하여 확인해 보자.

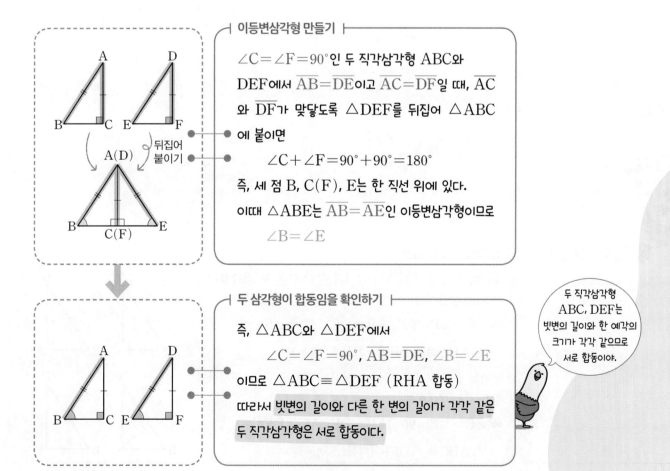

┤ 이등변삼각형 만들기 ├

$\angle C = \angle F = 90°$인 두 직각삼각형 ABC와 DEF에서 $\overline{AB} = \overline{DE}$이고 $\overline{AC} = \overline{DF}$일 때, $\overline{AC}$와 $\overline{DF}$가 맞닿도록 △DEF를 뒤집어 △ABC에 붙이면

$$\angle C + \angle F = 90° + 90° = 180°$$

즉, 세 점 B, C(F), E는 한 직선 위에 있다.
이때 △ABE는 $\overline{AB} = \overline{AE}$인 이등변삼각형이므로

$$\angle B = \angle E$$

┤ 두 삼각형이 합동임을 확인하기 ├

즉, △ABC와 △DEF에서

$$\angle C = \angle F = 90°, \overline{AB} = \overline{DE}, \angle B = \angle E$$

이므로 △ABC ≡ △DEF (RHA 합동)

따라서 빗변의 길이와 다른 한 변의 길이가 각각 같은 두 직각삼각형은 서로 합동이다.

두 직각삼각형 ABC, DEF는 빗변의 길이와 한 예각의 크기가 각각 같으므로 서로 합동이야.

앞의 합동 조건을 **RHS 합동**이라 한다.

두 직각삼각형의 빗변의 길이와 다른 한 변의 길이가 각각 같을 때

직각 → ← 변
RHS합동
↑
빗변

➕참고 R는 Right angle(직각), H는 Hypotenuse(빗변), S는 Side(변)의 첫 글자이다.

💙 **다음 두 직각삼각형 ABC와 DEF가 서로 합동이면 ○표, 서로 합동이 아니면 ×표를 해 보자.**

(1)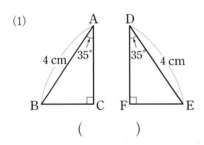

(   )

(2)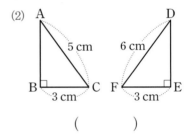

(   )

📋 (1) ○ (2) ✕

회색 글씨를 따라 쓰면서 개념을 정리해 보자!

꽉 잡아, 개념!

직각삼각형의 합동 조건

(1) 빗변의 길이와 한 예각의 크기가 각각 같은 두 직각삼각형은 서로 합동이다.
➡ ∠C＝∠F＝90°, $\overline{AB}=\overline{DE}$, ∠B＝∠E이면
△ABC≡△DEF (RHA 합동)

(2) 빗변의 길이와 다른 한 변의 길이가 각각 같은 두 직각삼각형은 서로 합동이다.
➡ ∠C＝∠F＝90°, $\overline{AB}=\overline{DE}$, $\overline{AC}=\overline{DF}$이면
△ABC≡△DEF (RHS 합동)

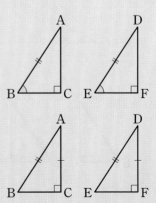

▶ 정답 및 풀이 2쪽

  오른쪽 그림과 같이 ∠C＝∠F＝90°인 두 직각삼각형 ABC와 DEF에서 $\overline{AB}=\overline{DE}$일 때, $\overline{EF}$의 길이를 구하시오.

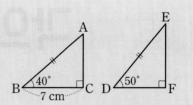

✏️ **풀이** △ABC에서 ∠A＝180°－(90°＋40°)＝50°

△ABC와 △DEF에서 ∠C＝∠F＝90°, $\overline{AB}=\overline{DE}$, ∠A＝∠D

이므로 △ABC≡△DEF (RHA 합동)

∴ $\overline{EF}=\overline{BC}=7\ cm$

△ABC에서 ∠A의 크기를 먼저 구해 봐.

답 **7 cm**

①-1 오른쪽 그림과 같이 ∠B＝∠E＝90°인 두 직각삼각형 ABC와 DEF에서 $\overline{EF}$의 길이를 구하시오.

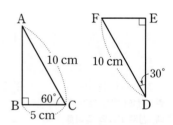

①-2 오른쪽 그림과 같이 ∠B＝∠E＝90°인 두 직각삼각형 ABC와 DEF에서 $\overline{AC}=\overline{DF}$, $\overline{AB}=\overline{DE}$일 때, ∠F의 크기를 구하시오.

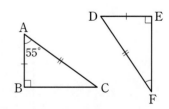

04 각의 이등분선의 성질

* QR코드를 스캔하여 개념 영상을 확인하세요.

●● 각의 이등분선에는 어떤 성질이 있을까?

직각삼각형의 합동 조건을 이용하면 각의 이등분선의 성질을 알 수 있다.

▶ 점 P에서 직선 *l*에 내린 수선의 발을 H라 할 때, 선분 PH의 길이를 점 P와 직선 *l* 사이의 거리라 한다.

각의 이등분선 위의 한 점에서 그 각을 이루는 두 변까지의 거리가 같음을 확인해 보자.

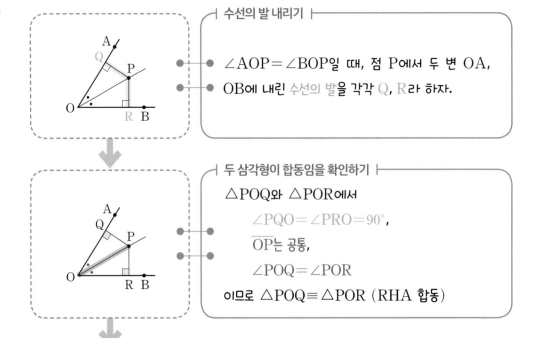

┤ 수선의 발 내리기 ├

$\angle AOP = \angle BOP$일 때, 점 P에서 두 변 OA, OB에 내린 수선의 발을 각각 Q, R라 하자.

┤ 두 삼각형이 합동임을 확인하기 ├

$\triangle POQ$와 $\triangle POR$에서

$\angle PQO = \angle PRO = 90°$,

$\overline{OP}$는 공통,

$\angle POQ = \angle POR$

이므로 $\triangle POQ \equiv \triangle POR$ (RHA 합동)

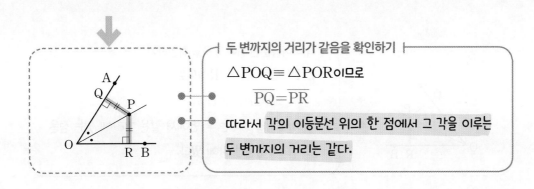

두 변까지의 거리가 같음을 확인하기

$\triangle POQ \equiv \triangle POR$이므로

$$\overline{PQ} = \overline{PR}$$

따라서 각의 이등분선 위의 한 점에서 그 각을 이루는 두 변까지의 거리는 같다.

오른쪽 그림에서 $\angle AOP = \angle BOP$, $\angle PAO = \angle PBO = 90°$ 이고 $\overline{PA} = 2\,cm$, $\overline{AO} = 3\,cm$일 때, $\overline{PB}$의 길이를 구해 보자.

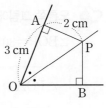

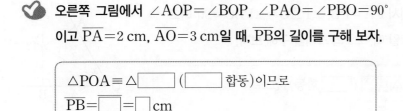

$\triangle POA \equiv \triangle \boxed{}$ ($\boxed{}$ 합동)이므로

$\overline{PB} = \boxed{} = \boxed{}\,cm$

답 POB, RHA, PA, 2

거꾸로 각을 이루는 두 변에서 같은 거리에 있는 점은 그 각의 이등분선 위에 있을까? 이를 확인해 보자.

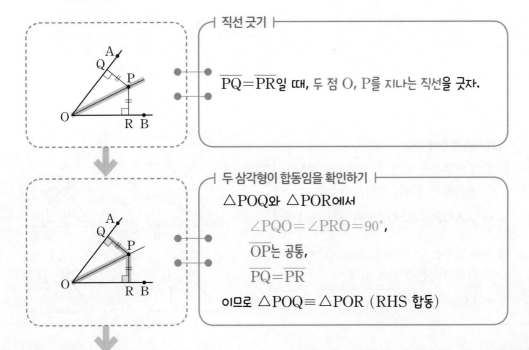

직선 긋기

$\overline{PQ} = \overline{PR}$일 때, 두 점 O, P를 지나는 직선을 긋자.

두 삼각형이 합동임을 확인하기

$\triangle POQ$와 $\triangle POR$에서

$$\angle PQO = \angle PRO = 90°,$$

$\overline{OP}$는 공통,

$\overline{PQ} = \overline{PR}$

이므로 $\triangle POQ \equiv \triangle POR$ (RHS 합동)

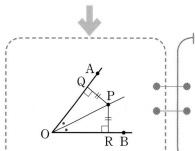

┤ 각의 이등분선 위에 있음을 확인하기 ├

△POQ≡△POR이므로

∠AOP=∠BOP

따라서 각을 이루는 두 변에서 같은 거리에 있는 점은 그 각의 이등분선 위에 있다.

 오른쪽 그림에서 $\overline{PA}=\overline{PB}$, ∠PAO=∠PBO=90°이고 ∠BOP=30°일 때, ∠x의 크기를 구해 보자.

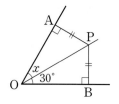

△POA≡△□□□ (□□□ 합동)이므로

∠x=∠□□□=□□°

🔑 POB, RHS, BOP, 30

회색 글씨를 따라 쓰면서 개념을 정리해 보자!

꽉 잡아, 개념!

각의 이등분선의 성질

(1) 각의 이등분선 위의 한 점에서 그 각을 이루는 두 변까지의 거리는 같다.

➡ ∠AOP=∠BOP이면 $\boxed{\overline{PQ}=\overline{PR}}$

(2) 각을 이루는 두 변에서 같은 거리에 있는 점은 그 각의 이등분선 위에 있다.

➡ $\overline{PQ}=\overline{PR}$이면 $\boxed{∠AOP=∠BOP}$

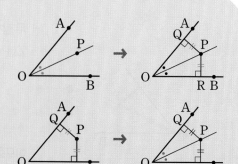

1 오른쪽 그림과 같이 ∠C＝90°인 직각삼각형 ABC에서 $\overline{BD}$는 ∠B의 이등분선이고 $\overline{AB}\perp\overline{DE}$이다. $\overline{BC}$＝6 cm, $\overline{DC}$＝2 cm일 때, $\overline{DE}$의 길이를 구하시오.

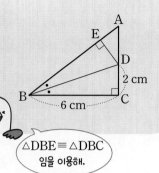

△DBE≡△DBC 임을 이용해.

✎ **풀이** △DBE와 △DBC에서
∠DEB＝∠DCB＝90°, $\overline{DB}$는 공통, ∠DBE＝∠DBC
이므로 △DBE≡△DBC (RHA 합동)
∴ $\overline{DE}$＝$\overline{DC}$＝2 cm

답 2 cm

1-1 오른쪽 그림과 같이 ∠C＝90°인 직각삼각형 ABC에서 $\overline{AB}\perp\overline{DE}$, $\overline{DE}$＝$\overline{DC}$이고 ∠BDC＝70°일 때, ∠x의 크기를 구하시오.

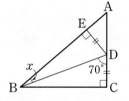

1-2 오른쪽 그림과 같이 ∠A＝90°인 직각삼각형 ABC에서 $\overline{BC}\perp\overline{DE}$, $\overline{DA}$＝$\overline{DE}$이고 ∠C＝40°일 때, ∠x의 크기를 구하시오.

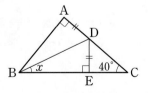

GO!!
시작해 보자~

3
삼각형의 외심과 내심

#외접 #외접원 #외심

#세 변의 수직이등분선

#접한다 #접선 #접점

#내접 #내접원 #내심

#세 내각의 이등분선

준비해 보자

● 다음은 미국의 역사 및 정치를 논할 때 빠지지 않는 인물로서, 전 세계에서 가장 존경받는 인물 중 한 명인 미국의 제16대 대통령 에이브러햄 링컨(1809~1865)이 남긴 명언이다.

링컨
(1809~1865)

66

(1)☐ (2)☐ 의 가장 좋은 점은

한 번에 하루씩 온다는 것이다.

99

다음 그림에서 x의 값을 구하고, 링컨의 명언을 완성해 보자.

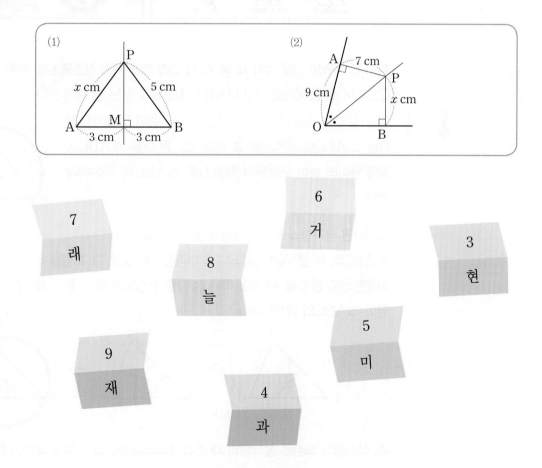

(1)

x cm 5 cm

A   M   B
3 cm 3 cm

(2)

A 7 cm

9 cm P

O   B x cm

7
래

6
거

3
현

8
늘

5
미

9
재

4
과

05
삼각형의 외심

* QR코드를 스캔하여 개념 영상을 확인하세요.

●●삼각형의 외심이란 무엇일까?

위의 세 사람의 집을 각각 세 점 A, B, C라 하고 약속 장소를 O라 하자. 이때 세 점 A, B, C는 점 O를 중심으로 하고 $\overline{OA}$를 반지름으로 하는 원 위에 있다.

이와 같이 △ABC의 세 꼭짓점이 원 O 위에 있을 때, 원 O는 △ABC에 **외접**한다고 한다. 또, 원 O를 △ABC의 **외접원**이라 하며 외접원의 중심 O를 △ABC의 **외심**이라 한다.

그렇다면 삼각형의 외심은 어떻게 찾을 수 있을까?

△ABC의 두 변 AB, BC의 수직이등분선을 긋고 그 교점을 O라 하면 변 AC의 수직이등분선도 점 O를 지난다. 이때 점 O를 중심으로 하고 점 A를 지나는 원을 그리면 이 원이 △ABC의 외접원이다.

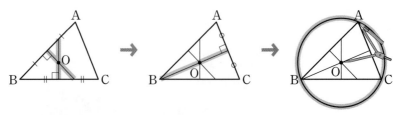

즉, 삼각형의 외심은 삼각형의 세 변의 수직이등분선의 교점을 찾으면 된다.

일반적으로 삼각형의 세 변의 수직이등분선이 한 점(외심)에서 만난다는 것을 다음과 같이 설명할 수 있다.

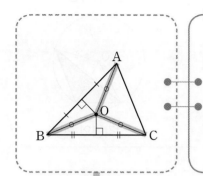

┤ 두 변의 수직이등분선의 교점 찾기 ├

△ABC에서 두 변 AB와 BC의 수직이등분선이 만나는 점을 O라 하자.

이때 점 O는 두 변 AB와 BC의 수직이등분선 위에 있으므로

$$\overline{OA}=\overline{OB}, \ \overline{OB}=\overline{OC} \quad \cdots\cdots ①$$

▶ $\overline{AB}$의 수직이등분선 위의 한 점 O에서 두 점 A와 B에 이르는 거리는 같다. 즉, $\overline{OA}=\overline{OB}$이다.

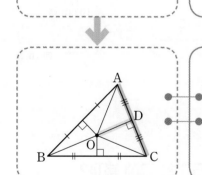

┤ 두 삼각형이 합동임을 확인하기 ├

점 O에서 변 AC에 내린 수선의 발을 D라 하자.
두 직각삼각형 OAD와 OCD에서

$$\angle ODA = \angle ODC = 90°,$$
$$\overline{OA}=\overline{OC},$$
$$\overline{OD}는 \ 공통$$

이므로 △OAD ≡ △OCD (RHS 합동)

┤ 세 변의 수직이등분선이 한 점에서 만남을 확인하기 ├

△OAD ≡ △OCD이므로 $\overline{AD}=\overline{CD}$

즉, $\overline{OD}$는 변 AC의 수직이등분선이다.

따라서 △ABC의 세 변의 수직이등분선은 한 점 O에서 만난다.

한편, 위의 ①에서 $\overline{OA}=\overline{OB}=\overline{OC}$이므로 점 O에서 세 꼭짓점에 이르는 거리는 같다.

이상에서 삼각형의 외심의 성질을 정리하면 다음과 같다.

(삼각형의 외심)
= (외접원의 중심)
= (세 변의 수직이등분선의 교점)

❶ 삼각형의 세 변의 수직이등분선은 한 점(외심)에서 만난다.
❷ 삼각형의 외심에서 세 꼭짓점에 이르는 거리는 같다.

삼각형의 외심은 삼각형의 모양에 따라 그 위치가 다음과 같이 달라진다.

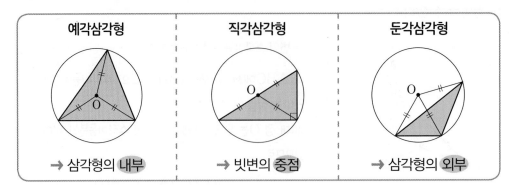

예각삼각형	직각삼각형	둔각삼각형
→ 삼각형의 내부	→ 빗변의 중점	→ 삼각형의 외부

➕참고 직각삼각형의 외심은 빗변의 중점이므로

$$\text{(직각삼각형의 외접원의 반지름의 길이)} = \frac{1}{2} \times \text{(빗변의 길이)}$$

이다.

✔️ 오른쪽 그림에서 점 O는 △ABC의 외심이다. $\overline{BC} = 10 \text{ cm}$ 일 때, $\overline{BD}$의 길이를 구해 보자.

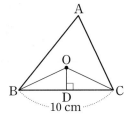

> 삼각형의 외심은 세 변의 수직이등분선의 교점이므로
>
> $$\overline{BD} = \frac{1}{2}\overline{BC} = \frac{1}{2} \times \boxed{} = \boxed{} (\text{cm})$$

답 10, 5

●●삼각형의 외심의 성질을 이용하여 각의 크기를 구해 볼까?

삼각형의 외심에서 세 꼭짓점에 이르는 거리가 같음을 이용하여 점 O가 △ABC의 외심 일 때, 각의 크기를 다음과 같이 구할 수 있다. → 외접원의 반지름의 길이

▶ △OAB, △OBC, △OCA는 모두 이등변 삼각형이다.

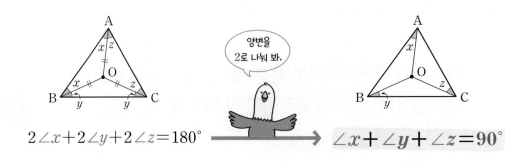

$$2\angle x + 2\angle y + 2\angle z = 180° \quad\longrightarrow\quad \angle x + \angle y + \angle z = 90°$$

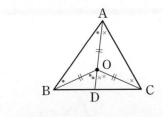

∠BOC = 2 × (● + ×)

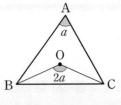

삼각형의 한 외각의 크기는 그와 이웃하지 않는 두 내각의 크기의 합과 같다.

$$\angle BOC = (● + ●) + (× + ×) \longrightarrow \angle BOC = 2\angle A$$

💙 다음 그림에서 점 O가 △ABC의 외심일 때, ∠x의 크기를 구해 보자.

(1)
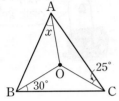

(2)
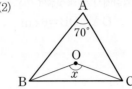

답 (1) 35° (2) 140°

회색 글씨를 따라 쓰면서 개념을 정리해 보자!

꽉 잡아, 개념!

(1) **외접원**: 삼각형의 모든 꼭짓점을 지나는 원

(2) **외심**: 삼각형의 외접원의 중심

(3) **삼각형의 외심의 성질**

① 삼각형의 세 변의 수직이등분선 은 한 점(외심)에서 만난다.

② 삼각형의 외심에서 세 꼭짓점에 이르는 거리는 같다.

➡ OA = OB = OC (외접원 O의 반지름의 길이)

(4) 점 O가 △ABC의 외심일 때,

①

➡ ∠x + ∠y + ∠z = 90°

②
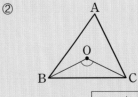

➡ ∠BOC = 2∠A

1 오른쪽 그림에서 점 O는 △ABC의 외심이다. $\overline{OB}=6$ cm일 때, $\overline{OA}$의 길이를 구하시오.

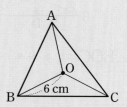

✏️ **풀이** 삼각형의 외심에서 세 꼭짓점에 이르는 거리가 같으므로
$$\overline{OA}=\overline{OB}=\overline{OC} \qquad \therefore \overline{OA}=\overline{OB}=6 \text{ cm}$$

삼각형의 외심에서 세 꼭짓점에 이르는 거리는 같아.

📋 6 cm

1-1 오른쪽 그림에서 점 O는 △ABC의 외심이다. ∠BOC=120°일 때, ∠x의 크기를 구하시오.

1-2 오른쪽 그림과 같이 ∠C=90°인 직각삼각형 ABC에서 점 O는 빗변 AB의 중점이다. $\overline{AB}=18$ cm일 때, $\overline{OC}$의 길이를 구하시오.

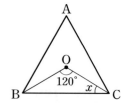

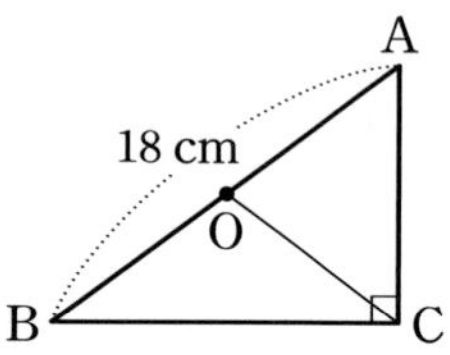

▶ 정답 및 풀이 3쪽

2 오른쪽 그림에서 점 O는 △ABC의 외심이다. ∠OBA=50°, ∠OBC=20°일 때, ∠x의 크기를 구하시오.

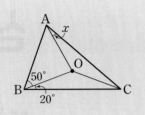

✎ **풀이** ∠OBA+∠OBC+∠OAC=90°이므로

$50°+20°+∠x=90°$

∴ $∠x=20°$

답 20°

2-1 오른쪽 그림에서 점 O는 △ABC의 외심이다. ∠AOB=128°, ∠OBC=25°일 때, ∠x의 크기를 구하시오.

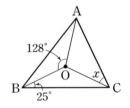

3 오른쪽 그림에서 점 O는 △ABC의 외심이다. ∠BOC=130°, ∠OAC=20°일 때, ∠x의 크기를 구하시오.

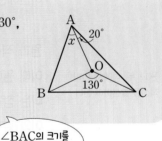

∠BAC의 크기를 먼저 구해 봐.

✎ **풀이** $∠BAC=\dfrac{1}{2}∠BOC=\dfrac{1}{2}×130°=65°$

∴ $∠x=∠BAC-∠OAC=65°-20°=45°$

답 45°

3-1 오른쪽 그림에서 점 O는 △ABC의 외심이다. ∠A=62°일 때, ∠x의 크기를 구하시오.

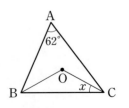

06 삼각형의 내심

* QR코드를 스캔하여 개념 영상을 확인하세요.

●● 삼각형의 내심이란 무엇일까?

삼각형의 세 꼭짓점이 원 위에 있을 때, 원은 삼각형의 외접원이 된다는 것을 '개념 **05**' 에서 배웠다.

이번에는 삼각형의 세 변이 원과 만나는 경우를 생각해 보자.

▶ 원과 두 점에서 만나 는 직선을 할선이라 한다.

원과 직선이 한 점에서 만날 때, 직선은 원에 **접한다**고 한다. 이때 원에 **접하는** 직선을 원의 **접선**이라 하며 접선이 원과 만 나는 점을 **접점**이라 한다. 이와 같이 원과 직선이 서로 접할 때, 원의 접선은 그 접점을 지나는 반지름과 서로 수직이다.

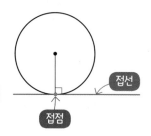

오른쪽 그림과 같이 △ABC의 세 변이 원 I에 접할 때, 원 I는 △ABC에 **내접**한다고 한다. 또, 원 I를 △ABC의 **내접원**이라 하며 내접원의 중심 I를 △ABC의 **내심**이라 한다.

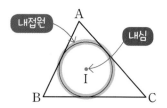

그렇다면 삼각형의 내심은 어떻게 찾을 수 있을까?

△ABC에서 ∠A, ∠B의 이등분선을 긋고 그 교점을 I라 하면 ∠C의 이등분선도 점 I를 지난다. 이때 점 I를 중심으로 하고 $\overline{AB}$와 한 점에서 만나는 원을 그리면 이 원이 △ABC 의 내접원이다.

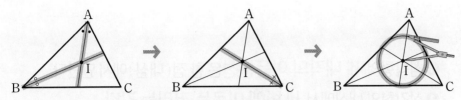

즉, 삼각형의 내심은 삼각형의 세 내각의 이등분선의 교점을 찾으면 된다.

일반적으로 삼각형의 세 내각의 이등분선이 한 점(내심)에서 만난다는 것을 다음과 같이 설명할 수 있다.

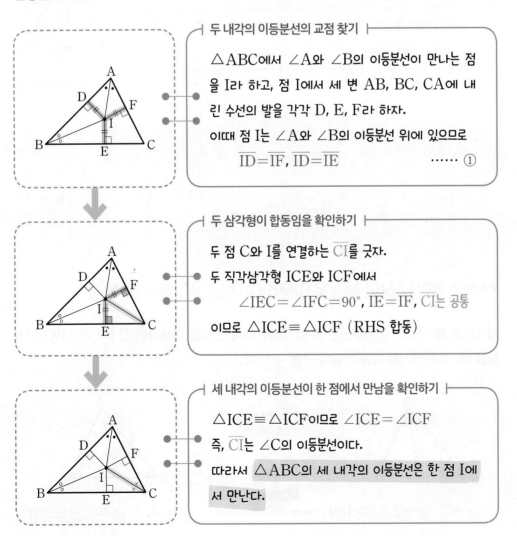

┤ 두 내각의 이등분선의 교점 찾기 ├

△ABC에서 ∠A와 ∠B의 이등분선이 만나는 점 을 I라 하고, 점 I에서 세 변 AB, BC, CA에 내 린 수선의 발을 각각 D, E, F라 하자.

이때 점 I는 ∠A와 ∠B의 이등분선 위에 있으므로

$\overline{ID}=\overline{IF}$, $\overline{ID}=\overline{IE}$ ······ ①

▶ ∠B의 이등분선 위의 한 점 I에서 각의 변에 각 각 내린 수선의 발 D, E 에 이르는 거리는 같다. 즉, $\overline{ID}=\overline{IE}$이다.

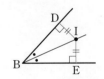

┤ 두 삼각형이 합동임을 확인하기 ├

두 점 C와 I를 연결하는 $\overline{CI}$를 긋자.

두 직각삼각형 ICE와 ICF에서

$\angle IEC=\angle IFC=90°$, $\overline{IE}=\overline{IF}$, $\overline{CI}$는 공통

이므로 △ICE≡△ICF (RHS 합동)

┤ 세 내각의 이등분선이 한 점에서 만남을 확인하기 ├

△ICE≡△ICF이므로 ∠ICE=∠ICF

즉, $\overline{CI}$는 ∠C의 이등분선이다.

따라서 △ABC의 세 내각의 이등분선은 한 점 I에 서 만난다.

한편, 앞의 ①에서 $\overline{ID}=\overline{IE}=\overline{IF}$이므로 점 I에서 세 변에 이르는 거리는 같다.

이상에서 삼각형의 내심의 성질을 정리하면 다음과 같다.

(삼각형의 내심)
= (내접원의 중심)
= (세 내각의 이등분선의 교점)

❶ 삼각형의 세 내각의 이등분선은 한 점(내심)에서 만난다.
❷ 삼각형의 내심에서 세 변에 이르는 거리는 같다.

 오른쪽 그림에서 점 I는 △ABC의 내심이다. ∠IBA=35°,
∠ICB=30°일 때, ∠x의 크기를 구해 보자.

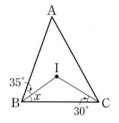

> 삼각형의 내심은 세 내각의 이등분선의 교점이므로
> $\angle x = \angle \boxed{} = \boxed{}°$

답 IBA, 35

●● 삼각형의 내심의 성질을 이용하여 각의 크기를 구해 볼까?

삼각형의 세 내각의 이등분선은 한 점(내심)에서 만남을 이용하여 점 I가 △ABC의 내심일 때, 각의 크기를 다음과 같이 구할 수 있다.

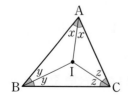

$2\angle x + 2\angle y + 2\angle z = 180°$

양변을 2로 나눠 봐.

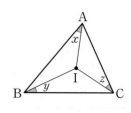

$\angle x + \angle y + \angle z = 90°$

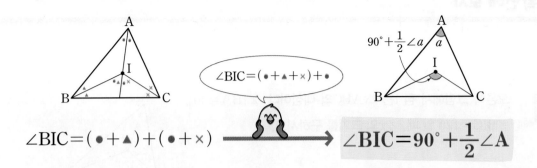

$$\angle BIC = (\bullet + \blacktriangle) + (\bullet + \times) \longrightarrow \angle BIC = 90° + \frac{1}{2} \angle A$$

💙 다음 그림에서 점 I가 △ABC의 내심일 때, ∠x의 크기를 구해 보자.

(1)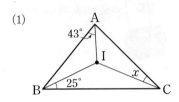

(2)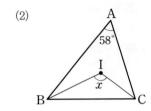

📋 (1) **22°** (2) **119°**

회색 글씨를
따라 쓰면서
개념을 정리해 보자!

꽉 잡아, 개념!

(1) **내접원**: 삼각형의 모든 변에 접하는 원

(2) **내심**: 삼각형의 │내접원의 중심│

(3) **삼각형의 내심의 성질**

① 삼각형의 │세 내각의 이등분선│은 한 점(내심)에서 만난다.

② 삼각형의 내심에서 세 변에 이르는 거리는 같다.

➡ │$\overline{ID} = \overline{IE} = \overline{IF}$│ (내접원 I의 반지름의 길이)

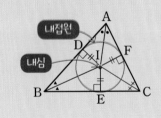

(4) 점 I가 △ABC의 내심일 때,

①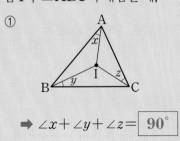

②

➡ ∠x + ∠y + ∠z = │**90°**│

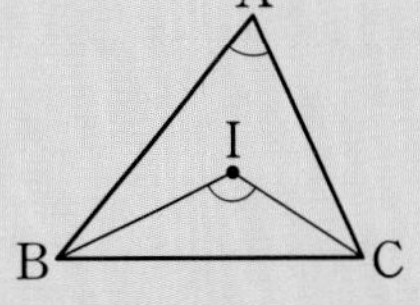

➡ ∠BIC = │$90° + \frac{1}{2} \angle A$│

1 오른쪽 그림에서 점 I는 △ABC의 내심이다. ∠IBA=40°, ∠BIC=120°일 때, ∠x의 크기를 구하시오.

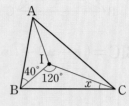

✎ **풀이**   ∠IBC=∠IBA=40°
이므로 △IBC에서
∠x=180°−(120°+40°)=20°

$\overline{\text{IB}}$는 ∠B의 이등분선임을 이용해.

답 20°

1-1 오른쪽 그림에서 점 I는 △ABC의 내심이다. ∠IBA=26°, ∠ICA=30°일 때, ∠x의 크기를 구하시오.

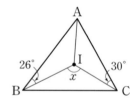

1-2 오른쪽 그림에서 점 I는 $\overline{\text{AB}}=\overline{\text{AC}}$인 이등변삼각형 ABC의 내심이다. ∠A=72°일 때, ∠x의 크기를 구하시오.

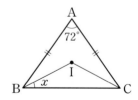

2 오른쪽 그림에서 점 I는 △ABC의 내심이다. ∠BAC=50°, ∠ICA=38°일 때, ∠x의 크기를 구하시오.

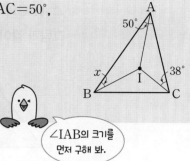

∠IAB의 크기를 먼저 구해 봐.

✏️ **풀이** ∠IAB=$\frac{1}{2}$∠BAC=$\frac{1}{2}$×50°=25°이므로

$25° + ∠x + 38° = 90°$

∴ ∠x=27°

🔲 **27°**

2-1 오른쪽 그림에서 점 I는 △ABC의 내심이다. ∠IAB=33°, ∠IBC=40°일 때, ∠ACB의 크기를 구하시오.

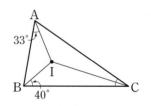

3 오른쪽 그림에서 점 I는 △ABC의 내심이다. ∠BIC=125° 일 때, ∠x의 크기를 구하시오.

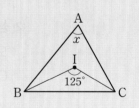

✏️ **풀이** ∠BIC=$90°+\frac{1}{2}$∠A이므로

$125°=90°+\frac{1}{2}$∠x ∴ ∠x=70°

🔲 **70°**

3-1 오른쪽 그림에서 점 I는 △ABC의 내심이다. ∠BIC=122° 일 때, ∠x의 크기를 구하시오.

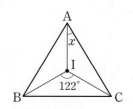

삼각형의 내접원의 응용

(1) 삼각형의 넓이

△ABC의 세 변의 길이가 각각 a, b, c이고 내접원의 반지름의 길이가 r일 때, 다음 그림과 같이 높이가 r인 세 개의 삼각형으로 나누어 △ABC의 넓이를 구할 수 있다.

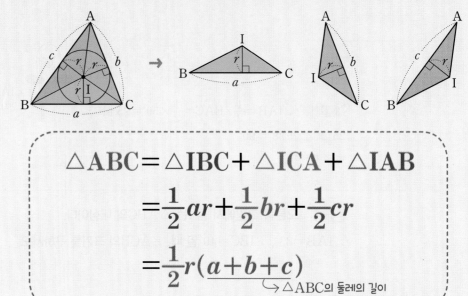

$$\triangle ABC = \triangle IBC + \triangle ICA + \triangle IAB$$
$$= \frac{1}{2}ar + \frac{1}{2}br + \frac{1}{2}cr$$
$$= \frac{1}{2}r(\underbrace{a+b+c}_{\triangle ABC의\ 둘레의\ 길이})$$

이와 같이 삼각형의 둘레의 길이와 내접원의 반지름의 길이를 알면 삼각형의 넓이를 구할 수 있다.

(2) 삼각형의 둘레의 길이

오른쪽 그림과 같이 △ABC의 내접원과 세 변 AB, BC, CA의 접점을 각각 D, E, F라 하면

$$\triangle IAD \equiv \triangle IAF \quad \leftarrow \text{RHS 합동}$$
$$\triangle IBD \equiv \triangle IBE \quad \leftarrow \text{RHS 합동}$$
$$\triangle ICE \equiv \triangle ICF \quad \leftarrow \text{RHS 합동}$$

이므로 다음이 항상 성립한다.

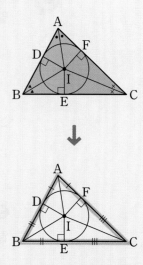

$$\overline{AD} = \overline{AF}$$
$$\overline{BD} = \overline{BE}$$
$$\overline{CE} = \overline{CF}$$

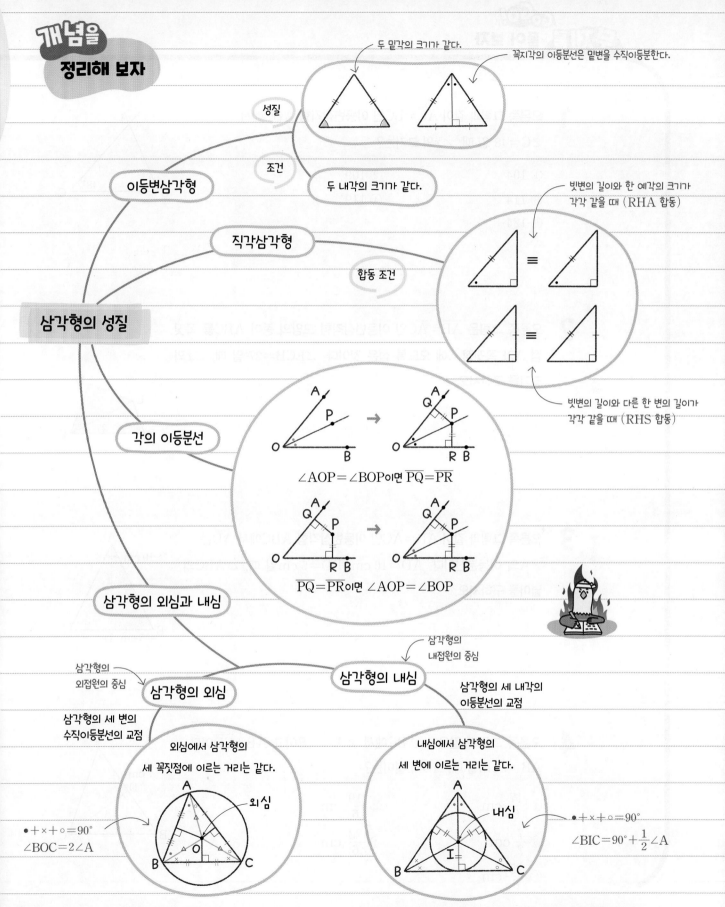

두 밑각의 크기가 같다.

꼭지각의 이등분선은 밑변을 수직이등분한다.

성질

이등변삼각형

조건

두 내각의 크기가 같다.

직각삼각형

빗변의 길이와 한 예각의 크기가
각각 같을 때 (RHA 합동)

합동 조건

≡

≡

빗변의 길이와 다른 한 변의 길이가
각각 같을 때 (RHS 합동)

삼각형의 성질

각의 이등분선

∠AOP=∠BOP이면 $\overline{PQ}=\overline{PR}$

$\overline{PQ}=\overline{PR}$이면 ∠AOP=∠BOP

삼각형의 외심과 내심

삼각형의
외접원의 중심

삼각형의 외심

삼각형의
내접원의 중심

삼각형의 내심

삼각형의 세 내각의
이등분선의 교점

삼각형의 세 변의
수직이등분선의 교점

외심에서 삼각형의
세 꼭짓점에 이르는 거리는 같다.

외심

•+×+○=90°
∠BOC=2∠A

내심에서 삼각형의
세 변에 이르는 거리는 같다.

내심

•+×+○=90°
$\angle BIC=90°+\dfrac{1}{2}\angle A$

1 오른쪽 그림과 같이 $\overline{AC}=\overline{BC}$인 이등변삼각형 ABC에서 $\angle C=48°$일 때, $\angle x$의 크기는?

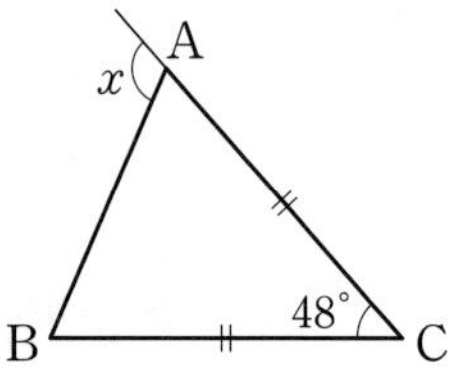

① $104°$ ② $109°$

③ $114°$ ④ $119°$

⑤ $124°$

2 오른쪽 그림은 $\overline{AB}=\overline{AC}$인 이등변삼각형 모양의 종이 ABC를 꼭짓점 A가 꼭짓점 C에 오도록 접은 것이다. $\angle ECB=27°$일 때, $\angle x$의 크기를 구하시오.

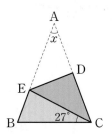

3 오른쪽 그림과 같이 $\overline{AB}=\overline{AC}$인 이등변삼각형 ABC에서 $\overline{AD}$는 $\angle A$의 이등분선이다. $\overline{AD}=10$ cm, $\overline{BD}=5$ cm일 때, $\triangle ABC$의 넓이를 구하시오.

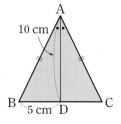

4 오른쪽 그림과 같은 $\triangle ABC$에서 $\angle A=\angle B$이고 $\overline{AB}\perp\overline{CD}$이다. $\overline{AB}=7$ cm일 때, $\overline{AD}$의 길이는?

① $\dfrac{17}{6}$ cm   ② $\dfrac{19}{6}$ cm

③ $\dfrac{7}{2}$ cm   ④ $\dfrac{23}{6}$ cm

⑤ $\dfrac{25}{6}$ cm

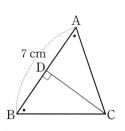

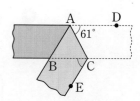

▶ 정답 및 풀이 4쪽

5 폭이 일정한 종이테이프를 오른쪽 그림과 같이 접었다.
∠DAC=61°일 때, ∠BCE의 크기를 구하시오.

6 다음 그림과 같은 두 직각삼각형 ABC와 DEF에서 ∠E의 크기를 구하면?

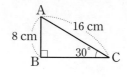 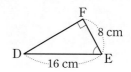

① 30°   ② 45°   ③ 60°

④ 75°   ⑤ 90°

7 오른쪽 그림과 같이 선분 AB의 양 끝 점 A, B에서 $\overline{AB}$의 중점 P를 지나는 직선 l에 내린 수선의 발을 각각 C, D라 하자. $\overline{BD}$=3 cm, ∠A=60°일 때, $y-x$의 값을 구하시오.

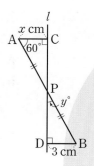

8 오른쪽 그림과 같이 ∠B=90°인 직각삼각형 ABC에서 $\overline{BC}=\overline{EC}$, $\overline{AC}\perp\overline{DE}$일 때, 다음 보기 중 옳은 것을 모두 고른 것은?

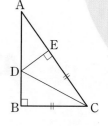

┤ 보기 ├
ㄱ. $\overline{DB}=\overline{DE}$ ㄴ. $\overline{AE}=\overline{DE}$

ㄷ. ∠BDC=∠EDC   ㄹ. ∠ACB=45°

① ㄱ, ㄷ   ② ㄱ, ㄹ   ③ ㄴ, ㄷ

④ ㄴ, ㄹ   ⑤ ㄷ, ㄹ

9 오른쪽 그림에서 $\overrightarrow{OX} \perp \overline{PA}$, $\overrightarrow{OY} \perp \overline{PB}$이고 $\overline{PA} = \overline{PB}$일 때, 다음 보기 중 옳은 것을 모두 고른 것은?

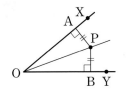

보기
ㄱ. $\overline{AO} = \overline{BO}$ ㄴ. $\overline{BO} = \overline{PO}$
ㄷ. $\angle AOB = \angle BPO$ ㄹ. $\angle AOB = 2\angle BOP$

① ㄱ, ㄴ ② ㄱ, ㄷ ③ ㄱ, ㄹ
④ ㄱ, ㄴ, ㄹ ⑤ ㄴ, ㄷ, ㄹ

10 오른쪽 그림에서 $\angle PQO = \angle PRO = 90°$, $\overline{PQ} = \overline{PR}$이고 $\angle QOP = 23°$일 때, $\angle QPR$의 크기를 구하시오.

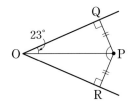

11 오른쪽 그림에서 점 O는 $\triangle ABC$의 외심이다. $\angle AOC = 106°$, $\overline{CD} = 6$ cm일 때, $x + y$의 값은?

① 35 ② 37
③ 39 ④ 41
⑤ 43

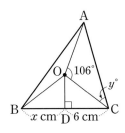

12 오른쪽 그림에서 점 O는 $\triangle ABC$의 외심이다. $\angle OBC = 23°$일 때, $\angle A$의 크기는?

① 57° ② 62°
③ 67° ④ 72°
⑤ 77°

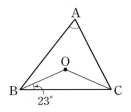

13 오른쪽 그림에서 점 I는 △ABC의 내심이다. ∠AIB=125°, ∠IAC=35°일 때, ∠x의 크기를 구하시오.

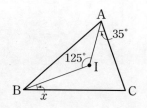

14 오른쪽 그림에서 점 I는 △ABC의 내심이다. ∠IAB=26°, ∠ICA=45°일 때, ∠B의 크기를 구하시오.

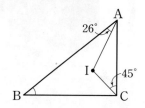

15 오른쪽 그림에서 점 I는 △ABC의 내심이다. ∠BIC=116°일 때, ∠x의 크기를 구하시오.

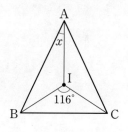

16 오른쪽 그림에서 점 I는 △ABC의 내심이고 세 점 D, E, F는 내접원과 △ABC의 접점이다. $\overline{AD}$=2 cm, $\overline{BC}$=10 cm, $\overline{CF}$=5 cm일 때, △ABC의 둘레의 길이는?

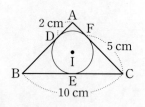

① 24 cm ② 25 cm ③ 26 cm
④ 27 cm ⑤ 28 cm

II

사각형의 성질

차례~차례~
가 보자!!

4
평행사변형

#□ABCD

#평행사변형 #대변 #대각

#평행사변형이 되는 조건

#평행사변형과 넓이

● 국기는 일정한 형식을 통하여 한 나라의 역사, 국민성, 이상 따위를 상징하도록 정한 깃발이다.

다음에 주어진 설명과 그 사각형을 연결하여 각 나라에 해당하는 국기를 찾아보자.

마주 보는 두 쌍의 변이 서로 평행한 사각형 프랑스	직사각형 
네 각이 모두 직각인 사각형 헝가리	평행사변형 
네 각이 모두 직각이고 네 변의 길이가 모두 같은 사각형 이탈리아	정사각형 
네 변의 길이가 모두 같은 사각형 네덜란드	마름모 

07 평행사변형의 뜻과 성질

개념 영상

* QR코드를 스캔하여 개념 영상을 확인하세요.

●●평행사변형에는 어떤 성질이 있을까?

삼각형 ABC를 기호로 △ABC와 같이 나타내는 것처럼 사각형 ABCD를 기호로

□ABCD

와 같이 나타낸다. 또, 사각형에서 마주 보는 변을 대변, 마주 보는 각을 대각이라 한다.

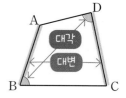

▶ 평행사변형에서 이웃하는 두 내각의 크기의 합은 180°이다.

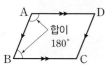

평행사변형은 마주 보는 두 쌍의 대변이 서로 평행한 사각형이다.
즉, 오른쪽 평행사변형 ABCD에서 $\overline{AB}/\!/\overline{DC}$, $\overline{AD}/\!/\overline{BC}$이다.

이제 평행사변형의 대변과 대각, 대각선에는 각각 어떤 성질이 있는지 알아보자.

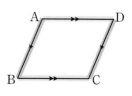

다음 그림과 같이 평행사변형의 한 대각선을 따라 잘라 2개의 삼각형을 만들어 포개어
보면 완전히 겹쳐진다.

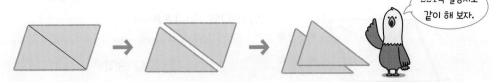

221쪽 활동지로
같이 해 보자.

즉, 평행사변형의 두 쌍의 대변의 길이와 두 쌍의 대각의 크기는 각각 서로 같음을 알 수
있다. 이를 확인해 보자.

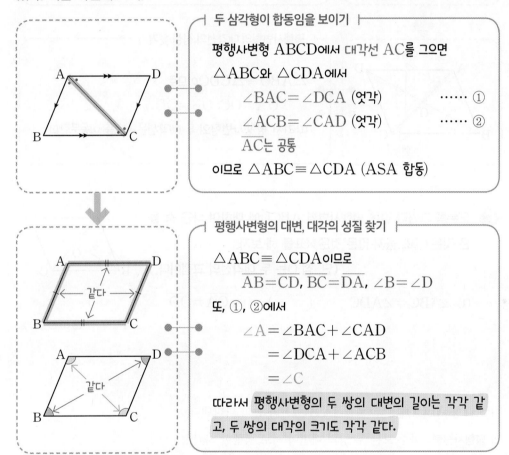

┤ 두 삼각형이 합동임을 보이기 ├

평행사변형 ABCD**에서 대각선** AC**를 그으면**
$\triangle$ABC**와** $\triangle$CDA**에서**

$\angle$BAC$=$$\angle$DCA (**엇각**) $\cdots\cdots$ ①

$\angle$ACB$=$$\angle$CAD (**엇각**) $\cdots\cdots$ ②

$\overline{AC}$**는 공통**

이므로 $\triangle$ABC$\equiv$$\triangle$CDA (ASA **합동**)

▶ 평행한 두 직선이 한
직선과 만날 때, 엇각의
크기는 같다.

→ $l \, /\!/ \, m$이면 $\angle a = \angle b$

┤ 평행사변형의 대변, 대각의 성질 찾기 ├

$\triangle$ABC$\equiv$$\triangle$CDA**이므로**
$\overline{AB}=\overline{CD}$, $\overline{BC}=\overline{DA}$, $\angle$B$=$$\angle$D

또, ①, ②**에서**

$\angle$A$=$$\angle$BAC$+$$\angle$CAD

$\quad=$$\angle$DCA$+$$\angle$ACB

$\quad=$$\angle$C

**따라서 평행사변형의 두 쌍의 대변의 길이는 각각 같
고, 두 쌍의 대각의 크기도 각각 같다.**

이번에는 평행사변형의 두 대각선을 따라 잘라 4개의 삼각형을 만들어 마주 보는 삼각형
끼리 포개어 보면 완전히 겹쳐진다.

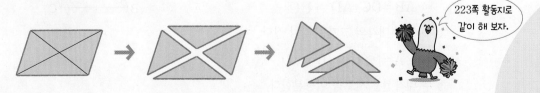

223쪽 활동지로
같이 해 보자.

즉, 평행사변형의 두 대각선은 서로를 이등분함을 알 수 있다. 이를 확인해 보자.

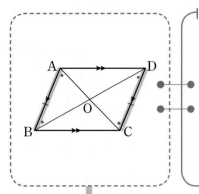

두 삼각형이 합동임을 보이기

평행사변형 ABCD에서 두 대각선의 교점을 O라 하면

△ABO와 △CDO에서

$\overline{AB}=\overline{CD}$ ← 평행사변형의 성질

∠ABO=∠CDO (엇각)

∠BAO=∠DCO (엇각)

이므로 △ABO≡△CDO (ASA 합동)

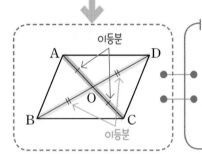

평행사변형의 대각선의 성질 찾기

△ABO≡△CDO이므로

$\overline{OA}=\overline{OC}$, $\overline{OB}=\overline{OD}$

따라서 **평행사변형의 두 대각선은 서로를 이등분한다.**

 오른쪽 그림과 같은 평행사변형 ABCD에 대하여 다음 중 옳은 것은 ○표, 옳지 않은 것은 ×표를 해 보자.

(단, 점 O는 두 대각선의 교점이다.)

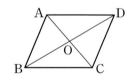

(1) ∠ABC=∠ADC (   ) (2) $\overline{OA}=\overline{OD}$ (   )

冒 (1) ◯ (2) ×

회색 글씨를 따라 쓰면서 개념을 정리해 보자!

꽉 잡아, 개념!

(1) 사각형 ABCD를 기호로 ▭ABCD 와 같이 나타낸다.

(2) **평행사변형:** 마주 보는 두 쌍의 대변이 서로 평행한 사각형

(3) **평행사변형의 성질**

평행사변형 ABCD에서 두 대각선의 교점을 O라 할 때,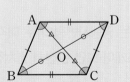

① 두 쌍의 대변의 길이는 각각 같다.

➡ $\overline{AB}=\overline{DC}$, $\overline{AD}=$ BC

② 두 쌍의 대각의 크기는 각각 같다.

➡ ∠A= ∠C , ∠B=∠D

③ 두 대각선은 서로를 이등분한다.

➡ $\overline{OA}=\overline{OC}$, OB $=\overline{OD}$

1 오른쪽 그림과 같은 평행사변형 ABCD에서 ∠BAC=50°, ∠DAC=80°일 때, ∠x, ∠y의 크기를 각각 구하시오.

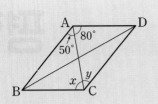

✎ 풀이 $\overline{AD}$∥$\overline{BC}$이므로

∠x=∠DAC=80° (엇각)

$\overline{AB}$∥$\overline{DC}$이므로

∠y=∠BAC=50° (엇각)

평행사변형에서 두 쌍의 대변은 각각 평행하므로 엇각의 크기가 각각 같아.

답 ∠x=80°, ∠y=50°

1-1 다음 그림과 같은 평행사변형 ABCD에서 x, y의 값을 각각 구하시오.

(단, 점 O는 두 대각선의 교점이다.)

(1)
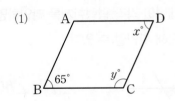

(2)
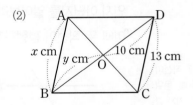

1-2 오른쪽 그림과 같은 평행사변형 ABCD에서 $\overline{BC}$=9 cm이고, ∠AOB=70°, ∠ACD=75°일 때, $x+y$의 값을 구하시오. (단, 점 O는 두 대각선의 교점이다.)

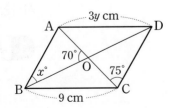

08
평행사변형이 되는 조건

*QR코드를 스캔하여 개념 영상을 확인하세요.

●● 평행사변형이 되는 조건은 무엇일까?

두 쌍의 대변이 각각 평행한 사각형은 평행사변형이다. 따라서 어떤 사각형이 평행사변형 인지 아닌지를 알아보려면 두 쌍의 대변이 각각 평행한지를 확인하면 된다.

이때 두 직선이 평행한지는 다음을 통해 확인할 수 있다.

▶ 서로 다른 두 직선이 한 직선과 만날 때, 동위 각이나 엇각의 크기가 같 으면 두 직선은 서로 평 행하다.

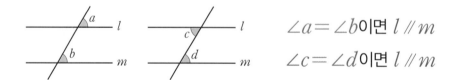

$\angle a = \angle b$이면 $l /\!/ m$

$\angle c = \angle d$이면 $l /\!/ m$

이제 사각형이 평행사변형이 되는 조건은 어떤 것이 있는지 알아보자.

사각형 ABCD는 다음 조건 중 어느 하나를 만족하면 평행사변형이 된다.

1 두 쌍의 대변이 각각 평행하다.

$\overline{AB} /\!/ \overline{DC}$, $\overline{AD} /\!/ \overline{BC}$

→ □ABCD는 평행사변형이다.

평행사변형의 뜻이네.

2 두 쌍의 대변의 길이가 각각 같다.

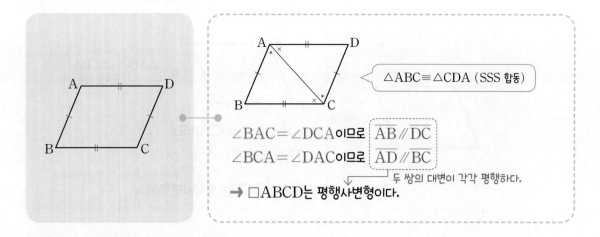

$\triangle ABC \equiv \triangle CDA$ (SSS 합동)

$\angle BAC = \angle DCA$이므로 $\overline{AB} /\!\!/ \overline{DC}$

$\angle BCA = \angle DAC$이므로 $\overline{AD} /\!\!/ \overline{BC}$

두 쌍의 대변이 각각 평행하다.

→ □ABCD는 평행사변형이다.

3 두 쌍의 대각의 크기가 각각 같다.

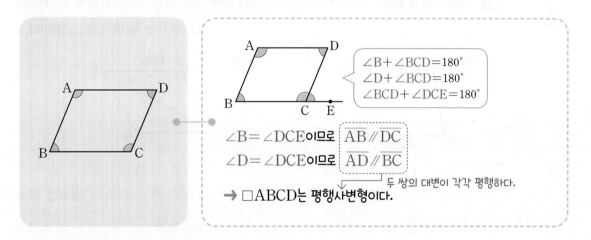

$\angle B + \angle BCD = 180°$
$\angle D + \angle BCD = 180°$
$\angle BCD + \angle DCE = 180°$

$\angle B = \angle DCE$이므로 $\overline{AB} /\!\!/ \overline{DC}$

$\angle D = \angle DCE$이므로 $\overline{AD} /\!\!/ \overline{BC}$

두 쌍의 대변이 각각 평행하다.

→ □ABCD는 평행사변형이다.

4 두 대각선이 서로를 이등분한다.

점 O는 두 대각선의 교점이야.

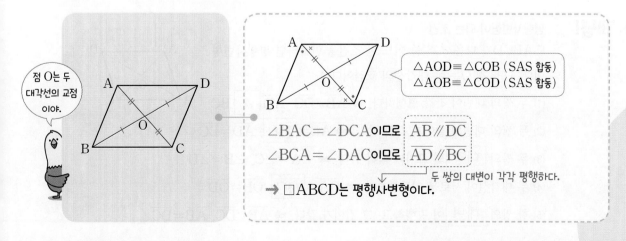

$\triangle AOD \equiv \triangle COB$ (SAS 합동)
$\triangle AOB \equiv \triangle COD$ (SAS 합동)

$\angle BAC = \angle DCA$이므로 $\overline{AB} /\!\!/ \overline{DC}$

$\angle BCA = \angle DAC$이므로 $\overline{AD} /\!\!/ \overline{BC}$

두 쌍의 대변이 각각 평행하다.

→ □ABCD는 평행사변형이다.

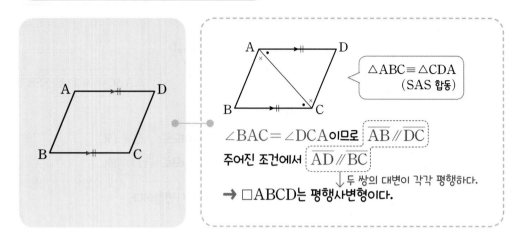

$\angle BAC = \angle DCA$이므로 $\overline{AB} /\!/ \overline{DC}$

주어진 조건에서 $\overline{AD} /\!/ \overline{BC}$

↓ 두 쌍의 대변이 각각 평행하다.

➜ □ABCD는 평행사변형이다.

💙 다음 그림과 같은 □ABCD가 평행사변형인 것은 ○표, 아닌 것은 ×표를 해 보자.

(단, 점 O는 두 대각선의 교점이다.)

(1)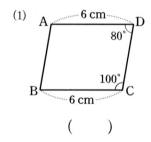

( )

(2)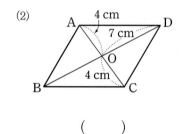

( )

🔑 (1) ○ (2) ×

회색 글씨를
따라 쓰면서
개념을 정리해 보자!

꽉 잡아, 개념!

평행사변형이 되는 조건

□ABCD가 다음 조건 중 어느 한 조건을 만족하면 평행사변형
이다. (단, 점 O는 두 대각선의 교점이다.)

(1) 두 쌍의 대변이 각각 평행하다. ➜ $\overline{AB} /\!/ \overline{DC}$, $\overline{AD}$ ┃$/\!/$┃ $\overline{BC}$

(2) 두 쌍의 대변의 길이가 각각 같다. ➜ $\overline{AB} =$ ┃$\overline{DC}$┃, $\overline{AD} = \overline{BC}$

(3) 두 쌍의 ┃대각┃의 크기가 각각 같다. ➜ $\angle A = \angle C$, $\angle B = \angle D$

(4) 두 대각선이 서로를 이등분한다. ➜ $\overline{OA} =$ ┃$\overline{OC}$┃, $\overline{OB} = \overline{OD}$

(5) 한 쌍의 ┃대변┃이 평행하고, 그 길이가 같다. ➜ $\overline{AB} /\!/ \overline{DC}$, $\overline{AB} = \overline{DC}$

1 다음 그림과 같은 □ABCD가 평행사변형이 되도록 하는 x, y의 값을 각각 구하시오.

두 쌍의 대변의
길이가 각각 같거나
두 쌍의 대각의 크기가
각각 같아야 해.

(1)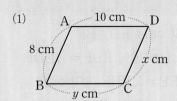

(2)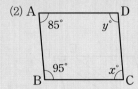

✏️ **풀이** (1) $\overline{AB}=\overline{DC}$이어야 하므로 $x=8$

$\overline{AD}=\overline{BC}$이어야 하므로 $y=10$

(2) $\angle A = \angle C$이어야 하므로 $x=85$

$\angle B = \angle D$이어야 하므로 $y=95$

답 (1) $x=8$, $y=10$ (2) $x=85$, $y=95$

1-1 다음 그림과 같은 □ABCD가 평행사변형이 되도록 하는 x, y의 값을 각각 구하시오.
(단, 점 O는 두 대각선의 교점이다.)

(1)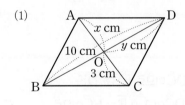

(2)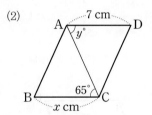

1-2 다음 보기 중 오른쪽 그림과 같은 □ABCD가 평행사변형
인 것을 모두 고르시오. (단, 점 O는 두 대각선의 교점이다.)

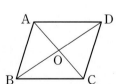

┤ 보기 ├

ㄱ. $\overline{AB}=3$ cm, $\overline{BC}=6$ cm, $\overline{CD}=6$ cm, $\overline{AD}=3$ cm

ㄴ. $\angle A=105°$, $\angle B=75°$, $\angle C=105°$

ㄷ. $\overline{OA}=5$ cm, $\overline{OB}=7$ cm, $\overline{OC}=5$ cm, $\overline{OD}=7$ cm

ㄹ. $\overline{AD}/\!/\overline{BC}$, $\overline{AB}=8$ cm, $\overline{DC}=8$ cm

평행사변형이 되는 조건의 응용

□ABCD가 평행사변형일 때, 다음 그림에서 □EBFD는 모두 평행사변형이다.

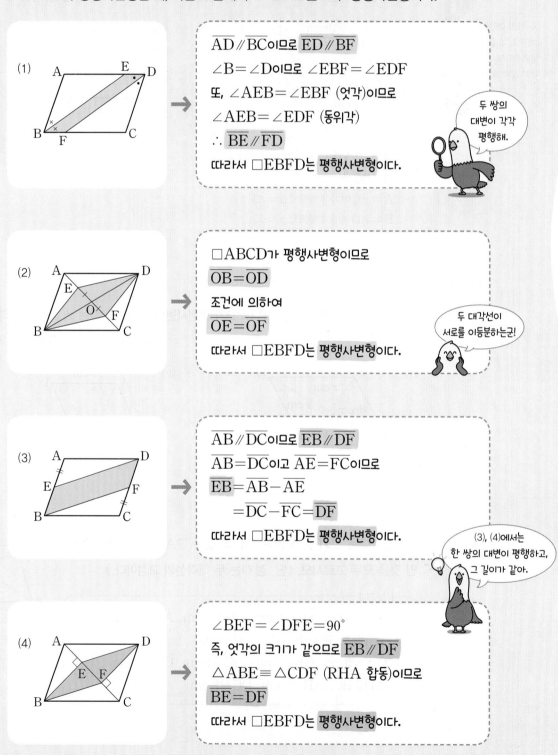

(1)

$\overline{\text{AD}} /\!/ \overline{\text{BC}}$이므로 $\boxed{\overline{\text{ED}} /\!/ \overline{\text{BF}}}$

∠B=∠D이므로 ∠EBF=∠EDF

또, ∠AEB=∠EBF (엇각)이므로

∠AEB=∠EDF (동위각)

∴ $\boxed{\overline{\text{BE}} /\!/ \overline{\text{FD}}}$

따라서 □EBFD는 **평행사변형**이다.

> 두 쌍의 대변이 각각 평행해.

(2)

□ABCD가 평행사변형이므로

$\boxed{\overline{\text{OB}} = \overline{\text{OD}}}$

조건에 의하여

$\boxed{\overline{\text{OE}} = \overline{\text{OF}}}$

따라서 □EBFD는 **평행사변형**이다.

> 두 대각선이 서로를 이등분하는군!

(3)

$\overline{\text{AB}} /\!/ \overline{\text{DC}}$이므로 $\boxed{\overline{\text{EB}} /\!/ \overline{\text{DF}}}$

$\overline{\text{AB}} = \overline{\text{DC}}$이고 $\overline{\text{AE}} = \overline{\text{FC}}$이므로

$\overline{\text{EB}} = \overline{\text{AB}} - \overline{\text{AE}}$

$\quad = \overline{\text{DC}} - \overline{\text{FC}} = \boxed{\overline{\text{DF}}}$

따라서 □EBFD는 **평행사변형**이다.

> (3), (4)에서는 한 쌍의 대변이 평행하고, 그 길이가 같아.

(4)

∠BEF=∠DFE=90°

즉, 엇각의 크기가 같으므로 $\boxed{\overline{\text{EB}} /\!/ \overline{\text{DF}}}$

△ABE≡△CDF (RHA 합동)이므로

$\boxed{\overline{\text{BE}} = \overline{\text{DF}}}$

따라서 □EBFD는 **평행사변형**이다.

09 평행사변형과 넓이

개념 영상

* QR코드를 스캔하여 개념 영상을 확인하세요.

●● 대각선에 의하여 평행사변형의 넓이는 어떻게 될까?

위에서 평행사변형을 나눈 4개의 삼각형의 넓이는 어떻게 모두 같을 수 있을까?
평행사변형의 성질을 이용하여 확인해 보자.

1 대각선에 의하여 나누어지는 경우

다음 그림과 같이 평행사변형 ABCD에 대각선 AC를 그어 대각선에 의하여 나누어진
삼각형의 넓이를 알아보자.

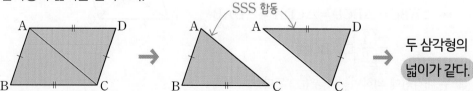

마찬가지로 평행사변형 ABCD에 대각선 BD를 그어도 대각선에 의하여 나누어진 두 삼
각형의 넓이는 같다.

즉, $\triangle ABC = \triangle CDA = \triangle BCD = \triangle DAB = \dfrac{1}{2} \square ABCD$

따라서 평행사변형의 넓이는 한 대각선에 의하여 이등분된다.

이번에는 평행사변형 ABCD에서 두 대각선 AC, BD를 각 각 긋고 두 대각선의 교점을 O라 하면

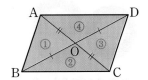

$$\triangle ABO \equiv \triangle CDO \text{ (SAS 합동)} \rightarrow ① = ③$$

$$\triangle BCO \equiv \triangle DAO \text{ (SAS 합동)} \rightarrow ② = ④$$

↳ 밑변의 길이($\overline{OA}$, $\overline{OC}$)와 높이가 각각 같으므로 ① = ②

즉, ① = ② = ③ = ④이므로

$$\triangle \mathbf{ABO} = \triangle \mathbf{BCO} = \triangle \mathbf{CDO} = \triangle \mathbf{DAO} = \frac{1}{4} \square \mathbf{ABCD}$$

따라서 평행사변형의 넓이는 두 대각선에 의하여 사등분 된다.

2 평행사변형의 내부의 한 점과 각 꼭짓점을 연결한 경우

평행사변형 ABCD의 내부의 한 점 P를 지나고 $\overline{AB}$, $\overline{BC}$와 평행한 직선을 각각 그으면

$$\triangle PAB + \triangle PCD = (① + ②) + (③ + ④)$$

$$\triangle PDA + \triangle PBC = (① + ④) + (② + ③)$$

$$\rightarrow \triangle \mathbf{PAB} + \triangle \mathbf{PCD} = \triangle \mathbf{PDA} + \triangle \mathbf{PBC} = \frac{1}{2} \square \mathbf{ABCD}$$

회색 글씨를 따라 쓰면서 개념을 정리해 보자!

꽉 잡아, 개념!

평행사변형과 넓이

(1) 평행사변형의 넓이는

① 한 대각선에 의하여 $\boxed{\text{이등분}}$ 된다.

$$\rightarrow \triangle ABC = \triangle BCD = \triangle CDA = \triangle DAB$$

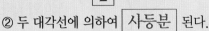

$$= \boxed{\frac{1}{2}} \square ABCD$$

② 두 대각선에 의하여 $\boxed{\text{사등분}}$ 된다.

$$\rightarrow \triangle ABO = \triangle BCO = \triangle CDO = \triangle DAO = \boxed{\frac{1}{4}} \square ABCD$$

(2) 평행사변형 ABCD의 내부의 한 점 P에 대하여

$$\rightarrow \triangle PAB + \triangle PCD = \triangle PDA + \triangle PBC = \boxed{\frac{1}{2}} \square ABCD$$

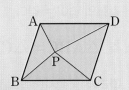

▶ 정답 및 풀이 6쪽

 오른쪽 그림과 같은 평행사변형 ABCD의 넓이가 $50\ \text{cm}^2$일 때, △ABC의 넓이를 구하시오.

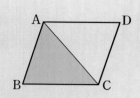

✎ 풀이 $\triangle\text{ABC} = \dfrac{1}{2}\square\text{ABCD}$

$= \dfrac{1}{2} \times 50 = 25\,(\text{cm}^2)$

평행사변형의 넓이는 한 대각선에 의하여 이등분 돼.

답 $25\ \text{cm}^2$

1-1 오른쪽 그림과 같은 평행사변형 ABCD의 넓이가 $64\ \text{cm}^2$ 일 때, △ABO의 넓이를 구하시오.

(단, 점 O는 두 대각선의 교점이다.)

1-2 오른쪽 그림과 같은 평행사변형 ABCD의 내부의 한 점 P에 대하여 색칠한 부분의 넓이를 구하시오.

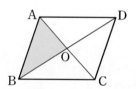

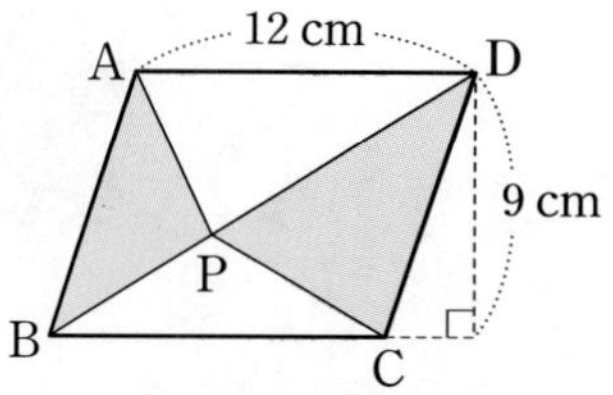

GO!!
시작해 보자~

5
여러 가지 사각형

#사각형 #평행사변형

#직사각형 #마름모

#정사각형 #사다리꼴

#등변사다리꼴

▶ 정답 및 풀이 6쪽

● '한글날'의 옛 이름인 이것은 1926년 음력 9월 29일에 지정되었다. 당시 한글을 '가갸거겨'로 부른 것에서 이것으로 정했다고 한다. 조선어연구회는 음력 9월에 「훈민정음」을 완성했다는 실록에 근거해 음력 9월 29일을 이것으로 정하고 기념식을 거행했다. 이후 1928년에 '한글날'로 이름이 바뀌었고, 광복 이후 양력 10월 9일로 확정되었으며 2006년부터 국경일로 지정되었다.

다음 그림과 같은 평행사변형 ABCD에서 x의 값을 구하고, 한글날의 옛 이름을 완성해 보자.

(단, 점 O는 두 대각선의 교점이다.)

(1)
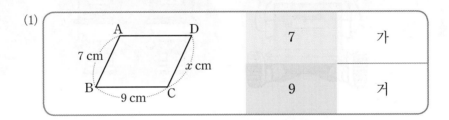

7	가
9	거

(2)
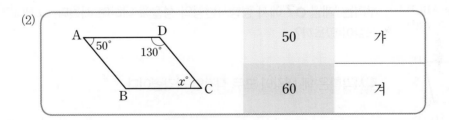

50	갸
60	겨

(3)
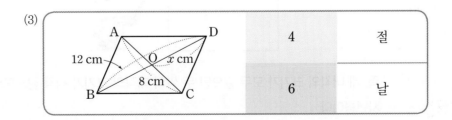

4	절
6	날

* QR코드를 스캔하여 개념 영상을 확인하세요.

10 직사각형의 뜻과 성질

●●직사각형에는 어떤 성질이 있을까?

▶ 평행사변형 ABCD에서 점 O가 두 대각선의 교점일 때

① $\overline{AB}=\overline{DC}$, $\overline{AD}=\overline{BC}$
② $\angle A=\angle C$, $\angle B=\angle D$
③ $\overline{OA}=\overline{OC}$, $\overline{OB}=\overline{OD}$

우리는 '개념 **07**'에서 평행사변형의 성질에 대하여 배웠다. 그렇다면 직사각형에는 어떤 성질이 있을까?

직사각형은 네 내각이 모두 직각인 사각형이다.

즉, 네 내각의 크기가 모두 같으면 두 쌍의 대각의 크기가 각각 같으므로 직사각형은 평행사변형이다.

따라서 직사각형은 평행사변형의 성질을 모두 만족하므로 직사각형의 두 쌍의 대변의 길이는 각각 같고, 두 대각선은 서로를 이등분한다.

그렇다면 직사각형만의 성질에는 어떤 것이 있을까?

직사각형은 평행사변형이라는 것을 이용하여 직사각형의 두 대각선의 길이가 같음을 확인해 보자.

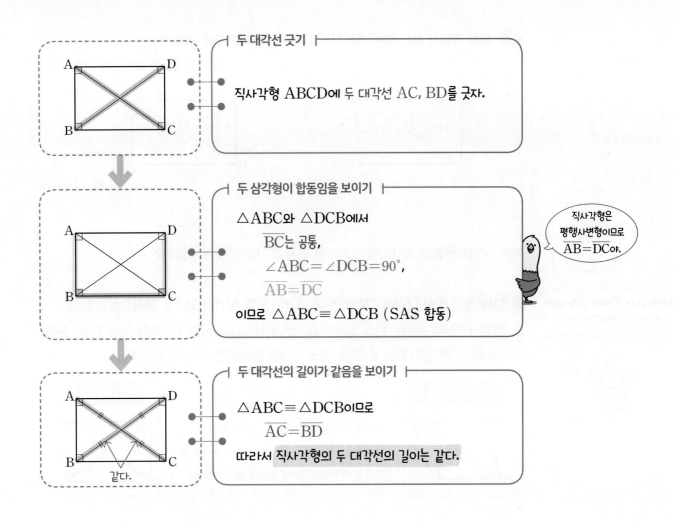

두 대각선 긋기

직사각형 ABCD에 두 대각선 AC, BD를 긋자.

두 삼각형이 합동임을 보이기

$\triangle$ABC와 $\triangle$DCB에서
$\overline{BC}$는 공통,
$\angle$ABC$=\angle$DCB$=90°$,
$\overline{AB}=\overline{DC}$
이므로 $\triangle$ABC$\equiv$$\triangle$DCB (SAS 합동)

직사각형은 평행사변형이므로 $\overline{AB}=\overline{DC}$야.

두 대각선의 길이가 같음을 보이기

$\triangle$ABC$\equiv$$\triangle$DCB이므로
$\overline{AC}=\overline{BD}$
따라서 직사각형의 두 대각선의 길이는 같다.

같다.

이상을 정리하면 직사각형에는 다음과 같은 성질이 있음을 알 수 있다.

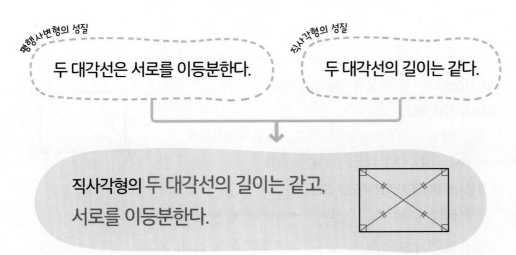

평행사변형의 성질
두 대각선은 서로를 이등분한다.

직사각형의 성질
두 대각선의 길이는 같다.

직사각형의 두 대각선의 길이는 같고,
서로를 이등분한다.

❤️ 다음 그림과 같은 직사각형 ABCD에서 x의 값을 구해 보자.

(단, 점 O는 두 대각선의 교점이다.)

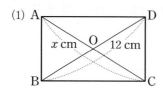 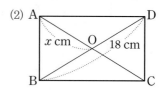

답 (1) 12 (2) 9

한편, 평행사변형이 직사각형이 되려면 어떤 조건을 만족해야 할까?

평행사변형 ABCD에서 ∠A=90° 이면 평행사변형의 성질에 의하여 ∠A=∠B=∠C=∠D=90°야.

평행사변형에서 한 내각이 직각이면 네 내각이 모두 직각이 되므로 직사각형이 된다.
또, 평행사변형의 두 대각선의 길이가 같으면 직사각형의 성질에 의하여 직사각형이 된다.
따라서 평행사변형이 다음 조건 중 어느 하나를 만족하면 직사각형이 된다.

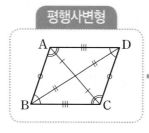

① 한 내각이 직각이다. (∠A=90°)

또는

② 두 대각선의 길이가 같다. ($\overline{AC}=\overline{BD}$)

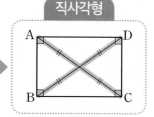

회색 글씨를 따라 쓰면서 개념을 정리해 보자!

꽉 잡아, 개념!

(1) **직사각형**: 네 내각이 모두 직각인 사각형

(2) **직사각형의 성질**

직사각형의 두 대각선의 길이는 같고, 서로를 이등분한다.

➡ $\overline{AC}=\overline{BD}$, $\overline{OA}=\overline{OB}=\boxed{\overline{OC}}=\overline{OD}$

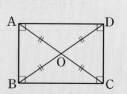

(3) **평행사변형이 직사각형이 되는 조건**

평행사변형이 다음 조건 중 어느 하나를 만족하면 직사각형이 된다.

① 한 내각이 $\boxed{직각}$ 이다.   ② 두 대각선의 길이가 $\boxed{같다}$.

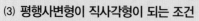

▶ 정답 및 풀이 6쪽

1 오른쪽 그림과 같은 직사각형 ABCD에서 x, y의 값을 각각 구하시오. (단, 점 O는 두 대각선의 교점이다.)

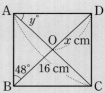

직사각형의 성질을 이용해서 이등변삼각형을 찾아봐.

✎ 풀이 $\overline{OD} = \overline{OA} = \frac{1}{2}\overline{AC} = \frac{1}{2} \times 16 = 8(cm)$이므로 $x=8$

△OAB에서 $\overline{OA} = \overline{OB}$이므로 ∠OAB = ∠OBA = 48°

∠BAD = 90°이므로 ∠DAC = 90° − 48° = 42°   ∴ $y=42$

답 $x=8$, $y=42$

1-1 오른쪽 그림과 같은 직사각형 ABCD에서 x, y의 값을 각각 구하시오. (단, 점 O는 두 대각선의 교점이다.)

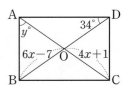

1-2 오른쪽 그림과 같은 평행사변형 ABCD가 직사각형이 되는 것은 ○표, 되지 않는 것은 ×표를 하시오.

(단, 점 O는 두 대각선의 교점이다.)

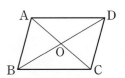

(1) ∠ABC = 90°　　　　(　　　)　　(2) $\overline{AB} = \overline{AD}$　　　(　　　)

(3) ∠AOB = ∠BOC　　(　　　)　　(4) $\overline{OA} = \overline{OB}$　　　(　　　)

11 마름모의 뜻과 성질

* QR코드를 스캔하여 개념 영상을 확인하세요.

●● 마름모에는 어떤 성질이 있을까?

마름모에는 어떤 성질이 있는지 알아보자.

마름모는 네 변의 길이가 모두 같은 사각형이다.

즉, 네 변의 길이가 같으면 두 쌍의 대변의 길이가 각각 같으므로 마름모는 평행사변형이다.

따라서 마름모는 평행사변형의 성질을 모두 만족하므로 마름모의 두 쌍의 대각의 크기는 각각 같고, 두 대각선은 서로를 이등분한다.

그렇다면 마름모만의 성질에는 어떤 것이 있을까?
마름모는 평행사변형이라는 것을 이용하여 마름모의 두 대각선은 서로 수직임을 확인해 보자.

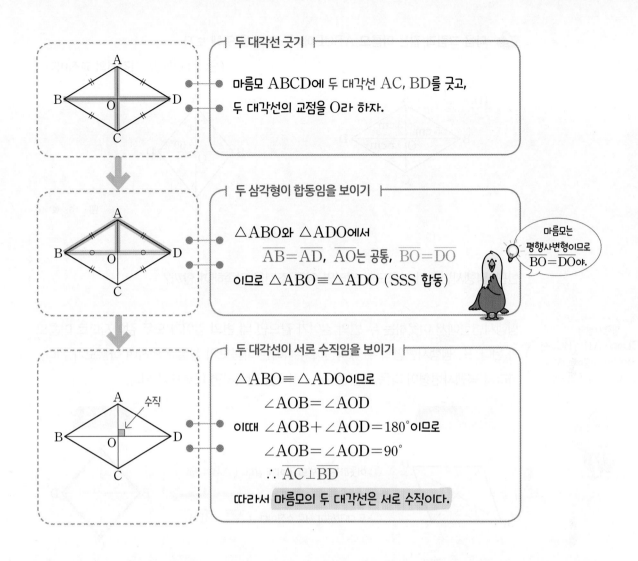

두 대각선 긋기

마름모 ABCD에 두 대각선 AC, BD를 긋고,
두 대각선의 교점을 O라 하자.

두 삼각형이 합동임을 보이기

$\triangle ABO$와 $\triangle ADO$에서
$\overline{AB}=\overline{AD}$, $\overline{AO}$는 공통, $\overline{BO}=\overline{DO}$
이므로 $\triangle ABO \equiv \triangle ADO$ (SSS 합동)

마름모는 평행사변형이므로 $\overline{BO}=\overline{DO}$야.

두 대각선이 서로 수직임을 보이기

$\triangle ABO \equiv \triangle ADO$이므로
$$\angle AOB = \angle AOD$$
이때 $\angle AOB + \angle AOD = 180°$이므로
$$\angle AOB = \angle AOD = 90°$$
$$\therefore \overline{AC} \perp \overline{BD}$$
따라서 마름모의 두 대각선은 서로 수직이다.

수직

이상을 정리하면 마름모에는 다음과 같은 성질이 있음을 알 수 있다.

평행사변형의 성질
두 대각선은 서로를 이등분한다.

마름모의 성질
두 대각선은 서로 수직이다.

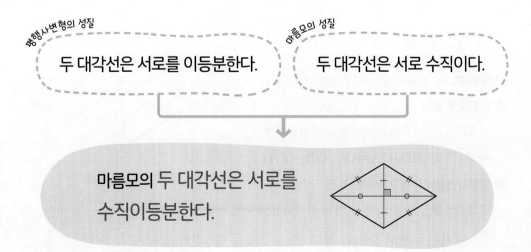

마름모의 두 대각선은 서로를
수직이등분한다.

다음 그림과 같은 마름모 ABCD에서 x의 값을 구해 보자.

(단, 점 O는 두 대각선의 교점이다.)

(1)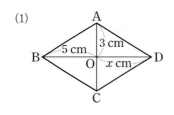

(2)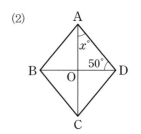

답 (1) 5 (2) 40

한편, 평행사변형이 마름모가 되려면 어떤 조건을 만족해야 할까?

평행사변형
ABCD에서 $\overline{AB}=\overline{BC}$이면
평행사변형의 성질에 의하여
$\overline{AB}=\overline{BC}=\overline{CD}=\overline{DA}$야.

평행사변형에서 이웃하는 두 변의 길이가 같으면 네 변의 길이가 모두 같아지므로 마름모가 된다. 또, 평행사변형의 두 대각선이 수직이면 마름모의 성질에 의하여 마름모가 된다. 따라서 평행사변형이 다음 조건 중 어느 하나를 만족하면 마름모가 된다.

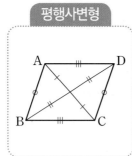

① 이웃하는 두 변의 길이가 같다. ($\overline{AB}=\overline{BC}$)
또는
② 두 대각선이 서로 수직이다. ($\overline{AC}\perp\overline{BD}$)

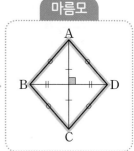

회색 글씨를
따라 쓰면서
개념을 정리해 보자!

꽉 잡아, 개념!

(1) **마름모**: 네 변의 길이가 모두 같은 사각형

(2) **마름모의 성질**

마름모의 두 대각선은 서로를 수직이등분한다.

➡ $\overline{AC} \boxed{\perp} \overline{BD}$, $\overline{OA}=\overline{OC}$, $\overline{OB}=\boxed{\overline{OD}}$

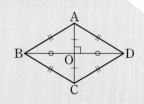

(3) **평행사변형이 마름모가 되는 조건**

평행사변형이 다음 조건 중 어느 하나를 만족하면 마름모가 된다.

① 이웃하는 두 변의 길이가 $\boxed{같다}$.   ② 두 대각선이 서로 $\boxed{수직}$이다.

1 오른쪽 그림과 같은 마름모 ABCD에서 x, y의 값을 각각 구하시오. (단, 점 O는 두 대각선의 교점이다.)

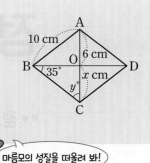

✎ **풀이** $\overline{OC}=\overline{OA}=6$ cm이므로 $x=6$

△BCO에서 ∠BOC$=90°$이므로

∠BCO$=180°-(35°+90°)=55°$ ∴ $y=55$

目 $x=6$, $y=55$

1-1 오른쪽 그림과 같은 마름모 ABCD에서 x, y의 값을 각각 구하시오. (단, 점 O는 두 대각선의 교점이다.)

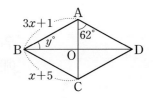

1-2 오른쪽 그림과 같은 평행사변형 ABCD가 마름모가 되는 것은 ○표, 되지 않는 것은 ×표를 하시오.

(단, 점 O는 두 대각선의 교점이다.)

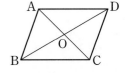

(1) ∠BAD$=$∠ADC ( ) (2) $\overline{AD}=\overline{CD}$ ( )

(3) $\overline{AC}\perp\overline{BD}$ ( ) (4) $\overline{OB}=\overline{OC}$ ( )

12

정사각형의 뜻과 성질

*QR코드를 스캔하여 개념 영상을 확인하세요.

●● 정사각형에는 어떤 성질이 있을까?

우리는 '개념 10~11'에서 직사각형, 마름모의 성질에 대하여 배웠다. 그렇다면 정사각형에는 어떤 성질이 있을까?

정사각형은 네 변의 길이가 모두 같고, 네 내각의 크기도 90°로 모두 같은 사각형이다.
→ 마름모   → 직사각형

즉, 정사각형은 네 변의 길이가 모두 같으므로 마름모이고, 네 내각의 크기가 90°로 모두 같으므로 직사각형이다.

따라서 정사각형은 마름모의 성질을 모두 만족하므로 정사각형의 두 대각선은 서로를 수직이등분한다.

또, 정사각형은 직사각형의 성질을 모두 만족하므로 정사각형의 두 대각선의 길이는 같고, 서로를 이등분한다.

이상을 정리하면 정사각형에는 다음과 같은 성질이 있음을 알 수 있다.

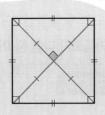

> **정사각형의** 두 대각선의 길이는 같고, 서로를 수직이등분한다.

 다음 그림과 같은 정사각형 ABCD에서 x의 값을 구해 보자.

(단, 점 O는 두 대각선의 교점이다.)

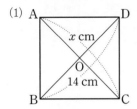

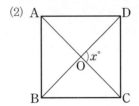

답 (1) **14** (2) **90**

한편, 직사각형과 마름모가 정사각형이 되려면 어떤 조건을 만족해야 할까?

먼저 직사각형이 정사각형이 되는 조건을 알아보자.
직사각형에서 이웃하는 두 변의 길이가 같으면 네 변의 길이가 모두 같아지므로 정사각형이 된다. 또, 직사각형의 두 대각선이 서로 수직이면 정사각형의 성질에 의하여 정사각형이 된다.
따라서 직사각형이 다음 중 어느 하나를 만족하면 정사각형이 된다.

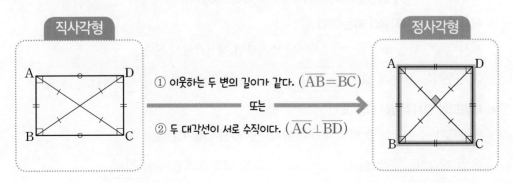

① 이웃하는 두 변의 길이가 같다. ($\overline{AB}=\overline{BC}$)

또는

② 두 대각선이 서로 수직이다. ($\overline{AC}\perp\overline{BD}$)

이제 마름모가 정사각형이 되는 조건을 알아보자.

마름모에서 한 내각이 직각이면 네 내각이 모두 직각이 되므로 정사각형이 된다.

또, 마름모의 두 대각선의 길이가 같으면 정사각형의 성질에 의하여 정사각형이 된다.

따라서 마름모가 다음 중 어느 한 조건을 만족하면 정사각형이 된다.

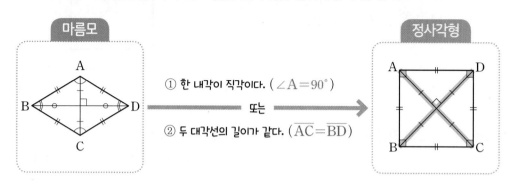

꽉 잡아, 개념!

(1) **정사각형**: 네 변의 길이가 모두 같고, 네 내각의 크기도 $\boxed{90}^\circ$ 로 모두 같은 사각형

(2) **정사각형의 성질**

정사각형의 두 대각선의 길이는 같고, 서로를 $\boxed{\text{수직이등분}}$ 한다.

➡ $\overline{AC}=\boxed{\overline{BD}}$, $\overline{AC}\perp\overline{BD}$, $\overline{OA}=\overline{OB}=\overline{OC}=\overline{OD}$

(3) **직사각형이 정사각형이 되는 조건**

직사각형이 다음 조건 중 어느 하나를 만족하면 정사각형이 된다.

① 이웃하는 두 변의 길이가 $\boxed{\text{같다}}$. ② 두 대각선이 서로 $\boxed{\text{수직}}$ 이다.

(4) **마름모가 정사각형이 되는 조건**

마름모가 다음 조건 중 어느 하나를 만족하면 정사각형이 된다.

① 한 내각이 $\boxed{\text{직각}}$ 이다. ② 두 대각선의 길이가 $\boxed{\text{같다}}$.

1 오른쪽 그림과 같은 정사각형 ABCD에서 x, y의 값을 각각 구하시오. (단, 점 O는 두 대각선의 교점이다.)

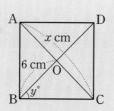

✏️ **풀이** $\overline{AC} = \overline{BD} = 2\overline{BO} = 2 \times 6 = 12 \text{(cm)}$ ∴ $x = 12$

△OBC에서 ∠BOC $= 90°$이고 $\overline{OB} = \overline{OC}$이므로

∠OBC $=$ ∠OCB $= \dfrac{1}{2} \times (180° - 90°) = 45°$ ∴ $y = 45$

정사각형의 성질을 이용하여 △OBC가 어떤 삼각형인지 생각해 봐.

🔲 $x = 12$, $y = 45$

1-1 오른쪽 그림과 같은 정사각형 ABCD의 대각선 AC 위에 점 E가 있을 때, x, y의 값을 각각 구하시오.

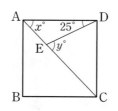

1-2 오른쪽 그림과 같은 직사각형 ABCD가 정사각형이 되는 것은 ○표, 되지 않는 것은 ×표를 하시오.

(단, 점 O는 두 대각선의 교점이다.)

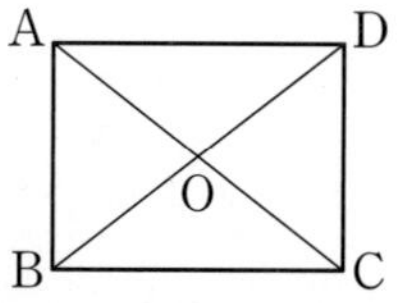

(1) $\overline{AB} \perp \overline{BC}$　　(　)　　　(2) $\overline{AB} = \overline{AD}$　　(　)

(3) ∠AOB $= 90°$　　(　)　　　(4) $\overline{AC} = \overline{BD}$　　(　)

* QR코드를 스캔하여 개념 영상을 확인하세요.

13 등변사다리꼴의 뜻과 성질

•• 등변사다리꼴에는 어떤 성질이 있을까?

사다리꼴과 등변사다리꼴은 어떤 점이 다를까?

사다리꼴은 한 쌍의 대변이 서로 평행한 사각형이다. 사다리꼴 중에서 아랫변의 양 끝 각의 크기가 같은 사다리꼴을 등변사다리꼴이라 한다.

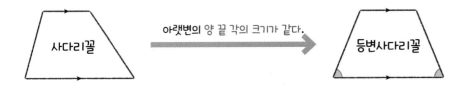

그렇다면 등변사다리꼴에서 나머지 두 내각의 크기도 같을까?

$\overline{AD} /\!/ \overline{BC}$인 등변사다리꼴 ABCD에서 아랫변의 양 끝 각의 크기는 같으므로

$$\angle B = \angle C \quad \leftarrow \text{등변사다리꼴의 뜻}$$

이다. 이때 $\angle A + \angle B = 180°$, $\angle C + \angle D = 180°$이므로

$$\angle A = \angle D$$

임도 알 수 있다.

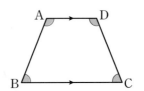

이제 등변사다리꼴의 성질에 대해서 알아보도록 하자.

먼저 등변사다리꼴의 뜻을 이용하여 평행하지 않은 한 쌍의 대변의 길이가 같음을 확인해 보자.

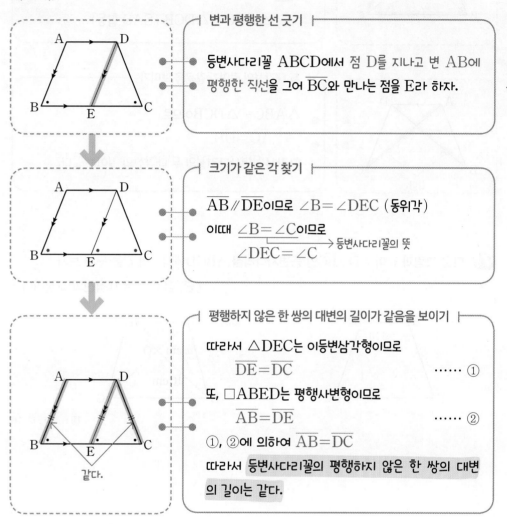

변과 평행한 선 긋기

● 등변사다리꼴 ABCD에서 점 D를 지나고 변 AB에
● 평행한 직선을 그어 $\overline{BC}$와 만나는 점을 E라 하자.

잘 그었어.
이제 평행선의 성질을
이용해 볼까?

크기가 같은 각 찾기

$\overline{AB}$ // $\overline{DE}$이므로 $\angle B = \angle DEC$ (동위각)

이때 $\angle B = \angle C$이므로
$\angle DEC = \angle C$ —→ 등변사다리꼴의 뜻

평행하지 않은 한 쌍의 대변의 길이가 같음을 보이기

따라서 $\triangle DEC$는 이등변삼각형이므로
$\overline{DE} = \overline{DC}$ ...... ①
또, $\square ABED$는 평행사변형이므로
$\overline{AB} = \overline{DE}$ ...... ②
①, ②에 의하여 $\overline{AB} = \overline{DC}$
따라서 등변사다리꼴의 평행하지 않은 한 쌍의 대변의 길이는 같다.

또, 등변사다리꼴의 뜻과 위의 성질을 이용하여 등변사다리꼴의 두 대각선의 길이가 같음을 확인해 보자.

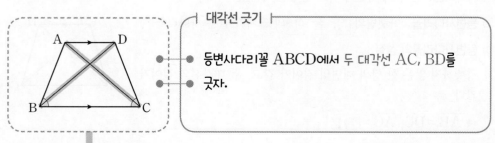

대각선 긋기

● 등변사다리꼴 ABCD에서 두 대각선 AC, BD를
● 긋자.

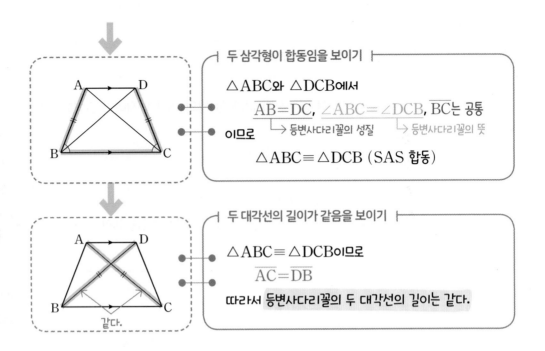

두 삼각형이 합동임을 보이기

△ABC와 △DCB에서

$\overline{AB}=\overline{DC}$, ∠ABC=∠DCB, $\overline{BC}$는 공통

이므로 → 등변사다리꼴의 성질 → 등변사다리꼴의 뜻

△ABC≡△DCB (SAS 합동)

두 대각선의 길이가 같음을 보이기

△ABC≡△DCB이므로

$\overline{AC}=\overline{DB}$

따라서 등변사다리꼴의 두 대각선의 길이는 같다.

같다.

✔ 다음 그림과 같이 $\overline{AD}\,/\!/\,\overline{BC}$인 등변사다리꼴 ABCD에서 x의 값을 구해 보자.

(단, 점 O는 두 대각선의 교점이다.)

(1)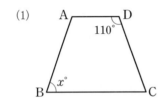

(2)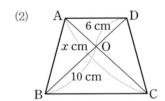

답 (1) **70** (2) **16**

회색 글씨를 따라 쓰면서 개념을 정리해 보자!

꽉 잡아, 개념!

(1) **사다리꼴**: 한 쌍의 대변이 서로 평행한 사각형

(2) **등변사다리꼴**: 아랫변의 | 양 끝 각 |의 크기가 같은 사다리꼴

(3) **등변사다리꼴의 성질**

평행하지 않은 한 쌍의 대변의 길이가 같고, 두 대각선의 길이가 같다.

➡ $\overline{AB}=\overline{DC}$, $\overline{AC}=$| $\overline{DB}$ |

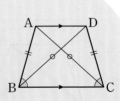

▶ 정답 및 풀이 7쪽

1 오른쪽 그림과 같은 등변사다리꼴 ABCD에서 x, y의 값을 각각 구하시오.

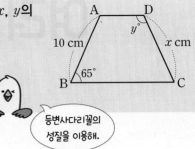

✎ **풀이** $\overline{DC} = \overline{AB} = 10$ cm이므로 $x = 10$

$\angle C = \angle B = 65°$이고 $\angle C + \angle D = 180°$이므로

$\angle D = 180° - 65° = 115°$ ∴ $y = 115$

등변사다리꼴의 성질을 이용해.

답 $x = 10$, $y = 115$

1-1 오른쪽 그림과 같은 등변사다리꼴 ABCD에서 x, y의 값을 각각 구하시오. (단, 점 O는 두 대각선의 교점이다.)

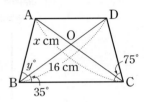

2 오른쪽 그림과 같은 등변사다리꼴 ABCD에서 $\angle x$의 크기를 구하시오.

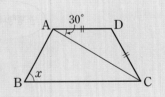

✎ **풀이** $\overline{AD} /\!/ \overline{BC}$이므로

$\angle ACB = \angle DAC = 30°$ (엇각)

$\triangle DAC$에서 $\overline{DA} = \overline{DC}$이므로 $\angle DCA = \angle DAC = 30°$

∴ $\angle x = \angle DCB = \angle ACB + \angle DCA = 30° + 30° = 60°$

평행선의 성질과 $\triangle DAC$가 이등변삼각형인 것을 이용해.

답 $60°$

2-1 오른쪽 그림과 같은 등변사다리꼴 ABCD에서 $\angle x$의 크기를 구하시오.

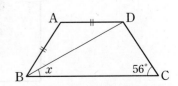

14 여러 가지 사각형 사이의 관계

•• 여러 가지 사각형 사이에는 어떤 관계가 있을까?

우리는 지금까지 평행사변형, 직사각형, 마름모, 정사각형, 등변사다리꼴의 성질에 대하여 배웠다. 또, 평행사변형이 직사각형과 마름모가 되는 조건, 직사각형과 마름모가 정사각형이 되는 조건에 대해서도 배웠다.

이것을 바탕으로 여러 가지 사각형 사이에는 어떤 관계가 있는지 다음과 같이 하나의 그림으로 나타내 보자.

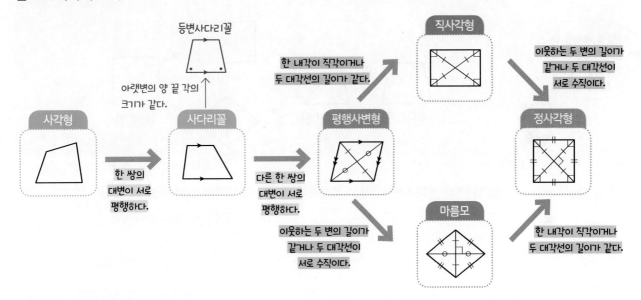

➕참고 여러 가지 사각형의 대각선의 성질
① 평행사변형: 서로를 이등분한다.
② 직사각형: 길이가 같고, 서로를 이등분한다.
③ 마름모: 서로를 수직이등분한다.
④ 정사각형: 길이가 같고, 서로를 수직이등분한다.
⑤ 등변사다리꼴: 길이가 같다.

✔️ 다음 표는 여러 가지 사각형의 성질을 나타낸 것이다. 각 사각형의 성질로 옳은 것은 ○표, 옳지 않은 것은 ×표를 해 보자.

사각형의 종류 성질	평행사변형	직사각형	마름모	정사각형	등변 사다리꼴
(1) 두 쌍의 대변이 각각 평행하다.					
(2) 모든 변의 길이가 같다.					
(3) 두 대각선의 길이가 같다.					
(4) 두 대각선이 서로를 이등분한다.					
(5) 두 대각선이 서로를 수직이등분한다.					

답 (1) ○, ○, ○, ○, × (2) ×, ×, ○, ○, × (3) ×, ○, ×, ○, ○ (4) ○, ○, ○, ○, × (5) ×, ×, ○, ○, ×

아래 그림은 사다리꼴에 조건을 하나씩 추가하여 여러 가지 사각형이 되는 과정이다.
다음 중 ①∼⑤에 알맞은 조건이 **아닌** 것은?

조건을 추가하였을 때, 변의 길이, 각의 크기, 대각선이 각각 어떻게 변하는지 생각해 봐.

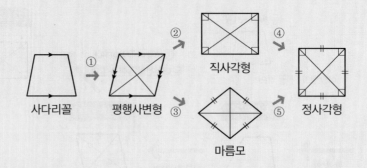

① 다른 한 쌍의 대변이 서로 평행하다.　② 한 내각의 크기가 90°이다.
③ 두 대각선의 길이가 같다.　④ 두 대각선이 서로 수직이다.
⑤ 한 내각이 직각이다.

✎ **풀이**　③ 평행사변형의 이웃하는 두 변의 길이가 같거나 두 대각선이 서로 수직이면 마름모가 된다.

답 ③

1-1 오른쪽 그림과 같은 평행사변형 ABCD에서 다음 조건을 만족하면 어떤 사각형이 되는지 말하시오.

(1) $\angle ABC = 90°$
(2) $\overline{AB} = \overline{AD}$, $\overline{AC} = \overline{BD}$

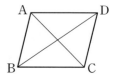

1-2 다음 중 옳지 **않은** 것은?

① 평행사변형은 사다리꼴이다.　② 직사각형은 마름모이다.
③ 마름모는 평행사변형이다.　④ 정사각형은 직사각형이다.
⑤ 정사각형은 마름모이다.

사각형의 각 변의 중점을 연결하여 만든 사각형

여러 가지 사각형에서 각 변의 중점을 연결하여 만든 사각형은 어떤 사각형이 되는지 알아보자.

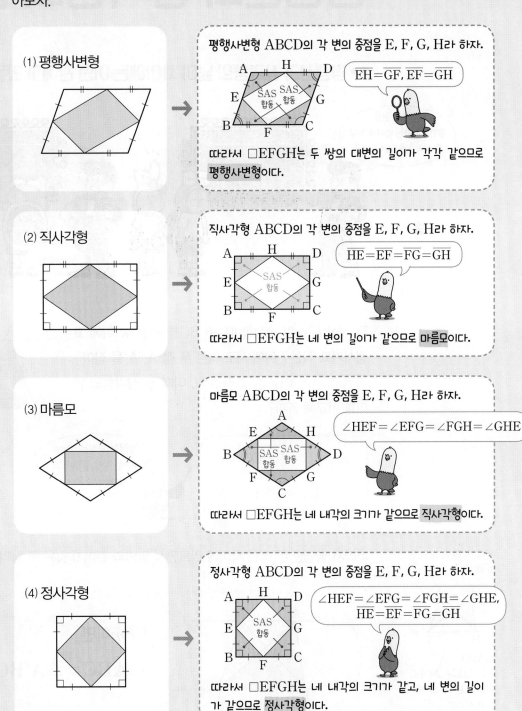

(1) 평행사변형

평행사변형 ABCD의 각 변의 중점을 E, F, G, H라 하자.

$$\overline{EH}=\overline{GF},\ \overline{EF}=\overline{GH}$$

따라서 □EFGH는 두 쌍의 대변의 길이가 각각 같으므로 평행사변형이다.

(2) 직사각형

직사각형 ABCD의 각 변의 중점을 E, F, G, H라 하자.

$$\overline{HE}=\overline{EF}=\overline{FG}=\overline{GH}$$

따라서 □EFGH는 네 변의 길이가 같으므로 마름모이다.

(3) 마름모

마름모 ABCD의 각 변의 중점을 E, F, G, H라 하자.

$$\angle HEF=\angle EFG=\angle FGH=\angle GHE$$

따라서 □EFGH는 네 내각의 크기가 같으므로 직사각형이다.

(4) 정사각형

정사각형 ABCD의 각 변의 중점을 E, F, G, H라 하자.

$$\angle HEF=\angle EFG=\angle FGH=\angle GHE,$$
$$\overline{HE}=\overline{EF}=\overline{FG}=\overline{GH}$$

따라서 □EFGH는 네 내각의 크기가 같고, 네 변의 길이가 같으므로 정사각형이다.

15

평행선과 삼각형의 넓이

* QR코드를 스캔하여 개념 영상을 확인하세요.

●● 평행선과 삼각형의 넓이 사이에는 어떤 관계가 있을까?

두 직선 l, m이 평행할 때, 변 BC를 직선 m 위에 고정시키고 직선 l 위에 서로 다른 두 점 A, A′을 잡아 △ABC, △A′BC를 그려 보자. 이때 두 삼각형의 넓이를 비교해 볼까?

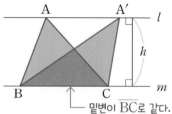

밑변이 $\overline{BC}$로 같다.

$$\triangle \text{ABC} = \frac{1}{2} \times \overline{\text{BC}} \times h$$
$$\triangle \text{A}'\text{BC} = \frac{1}{2} \times \overline{\text{BC}} \times h$$

평행한 두 직선 사이의 거리는 항상 일정하므로 높이는 h로 같아!

따라서 평행한 두 직선 사이에 있으면서 밑변의 길이가 같은 두 삼각형의 넓이는 같다.

▶ 두 직선 l, m이 평행할 때,

△ABO
$= \triangle \text{ABC} - \triangle \text{OBC}$
$= \triangle \text{A}'\text{BC} - \triangle \text{OBC}$
$= \triangle \text{A}'\text{OC}$

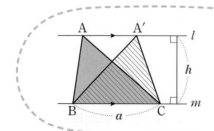

$l /\!/ m$이면
$$\triangle \text{ABC} = \triangle \text{A}'\text{BC} = \frac{1}{2}ah$$

한편, 평행선을 이용하여 사각형과 넓이가 같은 삼각형을 그릴 수 있다. 다음과 같이 평행선을 그어 사각형과 넓이가 같은 삼각형을 찾아보자.

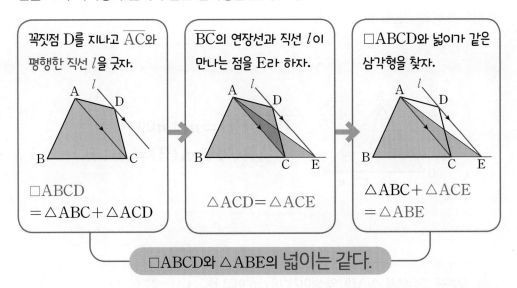

꼭짓점 D를 지나고 $\overline{AC}$와 평행한 직선 l을 긋자.

$\square ABCD$
$= \triangle ABC + \triangle ACD$

$\overline{BC}$의 연장선과 직선 l이 만나는 점을 E라 하자.

$\triangle ACD = \triangle ACE$

$\square ABCD$와 넓이가 같은 삼각형을 찾자.

$\triangle ABC + \triangle ACE$
$= \triangle ABE$

$\square ABCD$와 $\triangle ABE$의 **넓이는 같다.**

▶ 보조선을 어느 대각선에 평행하게 그을지에 따라 사각형 ABCD와 넓이가 같은 삼각형은 여러 가지가 나올 수 있다.

아래 그림에서 평행한 선분이 다음과 같이 주어질 때, 색칠한 부분과 넓이가 같은 삼각형을 찾아보자. (단, 점 O는 두 대각선의 교점이다.)

(1)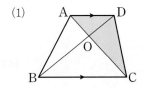

(2)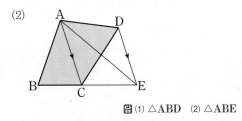

탑 (1) $\triangle ABD$　(2) $\triangle ABE$

••높이가 같은 두 삼각형의 넓이 사이에는 어떤 관계가 있을까?

평행한 두 직선 사이에 있으면서 밑변의 길이가 같은 두 삼각형은 높이가 같으므로 넓이가 같다는 것을 배웠다.
이제 오른쪽 그림과 같이 밑변의 길이는 다르지만 높이가 같은 두 삼각형의 넓이를 비교해 보자.

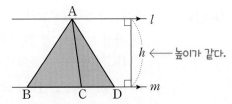

h ← 높이가 같다.

$\triangle ABC = \dfrac{1}{2} \times \overline{BC} \times h$

$\triangle ACD = \dfrac{1}{2} \times \overline{CD} \times h$

→ $\triangle ABC : \triangle ACD = \overline{BC} : \overline{CD}$

넓이의 비까지 구해 봤어!

즉, 두 삼각형의 높이가 같더라도 밑변의 길이가 다르면 넓이는 다르다.

이때 $\triangle ABC : \triangle ACD = \overline{BC} : \overline{CD}$이므로 <mark>높이가 같은 두 삼각형의 넓이의 비는 밑변의 길이의 비와 같음</mark>을 알 수 있다.

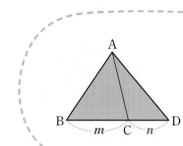

△ABD에서 점 C가
$\overline{BD}$의 중점이면
$\overline{BC} = \overline{CD}$이므로
$\triangle ABC = \triangle ACD$

$\overline{BC} : \overline{CD} = m : n$이면
$\triangle ABC : \triangle ACD = m : n$

 오른쪽 그림에서 $\triangle ABC$의 넓이가 $16 \, \mathrm{cm}^2$이고 $\overline{BC} : \overline{CD} = 2 : 1$일 때, $\triangle ACD$의 넓이를 구해 보자.

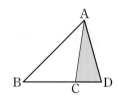

$\triangle ABC : \triangle ACD = \boxed{} : \boxed{}$이므로

$\triangle ACD = \boxed{} \, \mathrm{cm}^2$

답 2, 1, 8

회색 글씨를 따라 쓰면서 개념을 정리해 보자!

꽉 잡아, 개념!

(1) **평행선과 삼각형의 넓이**

두 직선 l, m이 평행할 때, $\triangle ABC$와 $\triangle A'BC$는 밑변 BC가 공통이고 높이가 같으므로 넓이가 같다.

➡ $l /\!/ m$이면 $\triangle ABC \boxed{=} \triangle A'BC$

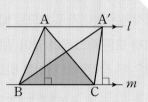

(2) **높이가 같은 두 삼각형의 넓이의 비**

높이가 같은 두 삼각형의 넓이의 비는 두 삼각형의 밑변의 길이의 비와 같다.

➡ $\triangle ABC : \triangle ACD = \boxed{m : n}$

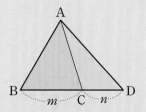

▶ 정답 및 풀이 7쪽

 오른쪽 그림과 같이 $\overline{AD} /\!/ \overline{BC}$인 사다리꼴 ABCD에서 두 대각선의 교점을 O라 하자. △ABD의 넓이가 21 cm^2, △ODA의 넓이가 9 cm^2일 때, 다음을 구하시오.

(1) △ACD의 넓이   (2) △OCD의 넓이

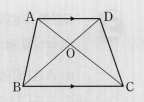

넓이가 같은 삼각형을 찾아봐.

✎ 풀이   (1) $\overline{AD} /\!/ \overline{BC}$이므로 △ACD = △ABD = 21 cm^2

(2) △OCD = △ACD − △ODA = $21 - 9 = 12 (\text{cm}^2)$

답 (1) 21 cm^2 (2) 12 cm^2

1-1   오른쪽 그림과 같이 $\overline{AD} /\!/ \overline{BC}$인 사다리꼴 ABCD에서 두 대각선의 교점을 O라 하자. △OBC의 넓이가 8 cm^2, △OCD의 넓이가 12 cm^2일 때, △ABC의 넓이를 구하시오.

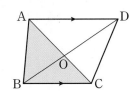 오른쪽 그림에서 $\overline{AC} /\!/ \overline{DE}$이고 △ABC의 넓이가 20 cm^2, △ACE의 넓이가 10 cm^2일 때, □ABCD의 넓이를 구하시오.

✎ 풀이   □ABCD = △ABC + △ACD = △ABC + △ACE
$$= 20 + 10 = 30 (\text{cm}^2)$$

답 30 cm^2

2-1   오른쪽 그림에서 $\overline{AC} /\!/ \overline{DE}$이고, □ABCD의 넓이가 36 cm^2, △ABC의 넓이가 19 cm^2일 때, △ACE의 넓이를 구하시오.

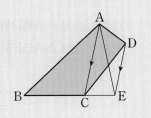

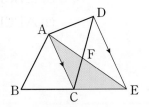

3 오른쪽 그림에서 $\overline{BC}:\overline{CD}=5:3$이고 $\triangle ABD$의 넓이가 $64\,cm^2$일 때, 다음을 구하시오.

(1) $\triangle ABC$의 넓이
(2) $\triangle ACD$의 넓이

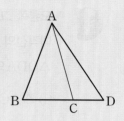

✏️ **풀이** $\triangle ABC:\triangle ACD=\overline{BC}:\overline{CD}=5:3$

(1) $\triangle ABC=\dfrac{5}{8}\triangle ABD=\dfrac{5}{8}\times64=40(cm^2)$

(2) $\triangle ACD=\dfrac{3}{8}\triangle ABD=\dfrac{3}{8}\times64=24(cm^2)$

△ABC와 △ACD의 넓이의 비부터 구해 봐!

🖹 (1) **40 cm²** (2) **24 cm²**

3-1 오른쪽 그림과 같은 $\triangle ABC$에서 $\overline{BD}:\overline{DC}=3:2$, $\overline{AE}:\overline{ED}=1:2$이고, $\triangle ABC$의 넓이가 $30\,cm^2$일 때, 다음을 구하시오.

(1) $\triangle ABD$의 넓이
(2) $\triangle ABE$의 넓이

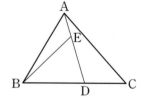

3-2 오른쪽 그림과 같은 평행사변형 $ABCD$에서 $\overline{BE}:\overline{ED}=3:4$이고, $\square ABCD$의 넓이가 $98\,cm^2$일 때, 다음을 구하시오.

(1) $\triangle BCD$의 넓이
(2) $\triangle ECD$의 넓이

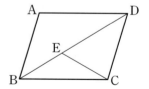

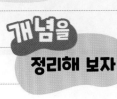
정리해 보자

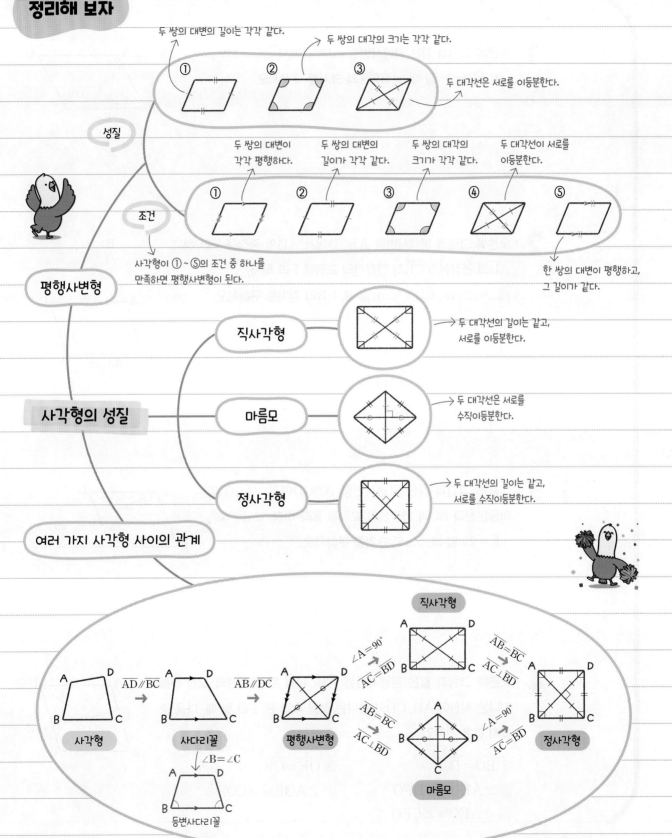

성질

두 쌍의 대변의 길이는 각각 같다.

두 쌍의 대각의 크기는 각각 같다.

① ② ③

두 대각선은 서로를 이등분한다.

조건

두 쌍의 대변이
각각 평행하다.

두 쌍의 대변의
길이가 각각 같다.

두 쌍의 대각의
크기가 각각 같다.

두 대각선이 서로를
이등분한다.

① ② ③ ④ ⑤

사각형이 ①~⑤의 조건 중 하나를
만족하면 평행사변형이 된다.

한 쌍의 대변이 평행하고,
그 길이가 같다.

평행사변형

사각형의 성질

직사각형 → 두 대각선의 길이는 같고,
서로를 이등분한다.

마름모 → 두 대각선은 서로를
수직이등분한다.

정사각형 → 두 대각선의 길이는 같고,
서로를 수직이등분한다.

여러 가지 사각형 사이의 관계

직사각형

A D
B C
사각형

$\overline{AD}//\overline{BC}$ →

A D
B C
사다리꼴

$\overline{AB}//\overline{DC}$ →

A D
B C
평행사변형

$\angle A=90°$
$\overline{AC}=\overline{BD}$ →

A D
B C
직사각형

$\overline{AB}=\overline{BC}$
$\overline{AC}\perp\overline{BD}$ →

A D
B C
정사각형

$\angle B=\angle C$ ↓

A D
B C
등변사다리꼴

$\overline{AB}=\overline{BC}$
$\overline{AC}\perp\overline{BD}$ →

A
B D
C
마름모

$\angle A=90°$
$\overline{AC}=\overline{BD}$ →

1 오른쪽 그림과 같은 평행사변형 ABCD에서 ∠C=119°, ∠BAE=39°일 때, ∠BEA의 크기를 구하시오.

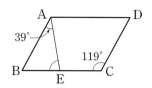

2 오른쪽 그림의 평행사변형 ABCD에서 $\overline{AD}$의 중점을 E라 하고 $\overline{AB}$의 연장선과 $\overline{CE}$의 연장선의 교점을 F라 하자. $\overline{BC}=13\,cm$, $\overline{CD}=9\,cm$일 때, $\overline{FB}$의 길이를 구하시오.

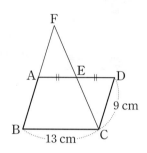

3 오른쪽 그림과 같은 평행사변형 ABCD에서 ∠DAC의 이등분선과 $\overline{BC}$의 연장선의 교점을 E라 하자. ∠B=68°, ∠E=25°일 때, ∠x의 크기를 구하시오.

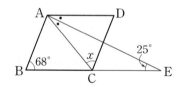

4 오른쪽 그림과 같은 평행사변형 ABCD의 두 대각선의 교점 O를 지나는 직선이 $\overline{AB}$, $\overline{CD}$와 만나는 점을 각각 E, F라 할 때, 다음 중 옳지 <u>않은</u> 것은?

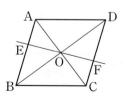

① $\overline{BO}=\overline{DO}$　　　　② $\overline{OE}=\overline{OF}$

③ ∠AEO=∠DFO　　④ ∠AOE=∠COF

⑤ △AEO≡△CFO

5 오른쪽 그림의 □ABCD에서 $\overline{AD}$ 위에 $\overline{AB}=\overline{AE}$가 되도록 점 E를 잡자. ∠C=102°일 때, □ABCD가 평행사변형이 되도록 하는 x의 값을 구하시오.

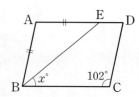

6 오른쪽 그림의 평행사변형 ABCD에서 점 O는 두 대각선의 교점이고 $\overline{AB}=14$ cm, $\overline{BC}=18$ cm이다. □OCDE가 평행사변형일 때, $\overline{AF}+\overline{OF}$의 길이를 구하시오.

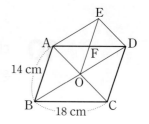

7 오른쪽 그림의 직사각형 ABCD에서 점 O는 두 대각선의 교점이다. ∠ACD=31°일 때, ∠AOB의 크기는?

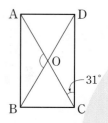

① 103°　　　　② 108°　　　　③ 113°
④ 118°　　　　⑤ 123°

8 오른쪽 그림의 평행사변형 ABCD에서 $\overline{AD}=10$ cm, $\overline{BD}=14$ cm 일 때, □ABCD가 직사각형이 되는 조건을 다음 보기에서 모두 고르면? (단, 점 O는 두 대각선의 교점이다.)

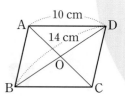

┤ 보기 ├
ㄱ. ∠AOD=90°　　　　ㄴ. $\overline{AO}=7$ cm
ㄷ. $\overline{AB}=10$ cm　　　　ㄹ. ∠ABC=90°

① ㄱ, ㄴ　　　　　② ㄱ, ㄷ　　　　　③ ㄴ, ㄷ
④ ㄴ, ㄹ　　　　　⑤ ㄱ, ㄴ, ㄷ

9 오른쪽 그림과 같은 작업대에서 □ABCD는 마름모이고 $\overline{DC}$, $\overline{BC}$의 연장선과 직선 l의 교점을 각각 E, F라 하자. $\overline{AC}$의 연장선과 직선 l이 점 P에서 수직으로 만나고 $\overline{CD}=4$ m, ∠CEP$=33°$일 때, $x+y$의 값을 구하시오.

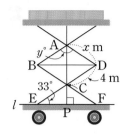

10 다음 중 오른쪽 그림의 평행사변형 ABCD가 마름모가 되는 조건은? (단, 점 O는 두 대각선의 교점이다.)

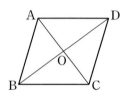

① ∠ABC$=90°$　　　② ∠OBC$=$∠OCB
③ $\overline{AB}\perp\overline{AC}$　　　④ $\overline{AC}=\overline{BD}$
⑤ $\overline{AB}=\overline{AD}$

11 오른쪽 그림과 같은 정사각형 ABCD에서 $\overline{BD}=14$ cm일 때, □ABCD의 넓이를 구하시오.

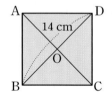

12 오른쪽 그림의 마름모 ABCD에 한 가지 조건을 추가하여 □ABCD가 정사각형이 되도록 할 때, 다음 중 필요한 조건은?
(단, 점 O는 두 대각선의 교점이다.)

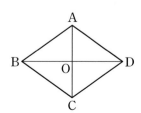

① $\overline{AC}\perp\overline{BD}$　　　② $\overline{AB}=\overline{BC}$
③ $\overline{BO}=\overline{DO}$　　　④ ∠ABC$=$∠BCD
⑤ ∠ABD$=$∠CBD

13 다음 보기 중 옳은 것을 모두 고르면?

┤ 보기 ├

ㄱ. 두 대각선이 서로 수직인 평행사변형은 마름모이다.

ㄴ. 두 대각선의 길이가 같은 마름모는 정사각형이다.

ㄷ. 네 변의 길이가 모두 같은 평행사변형은 직사각형이다.

ㄹ. 이웃하는 두 내각의 크기가 같은 평행사변형은 마름모이다.

① ㄱ, ㄴ   ② ㄱ, ㄷ   ③ ㄴ, ㄷ

④ ㄴ, ㄹ   ⑤ ㄷ, ㄹ

14 오른쪽 그림과 같이 $\overline{AD} /\!/ \overline{BC}$인 등변사다리꼴 ABCD에서 $\angle ACD = 31°$, $\angle DAC = 50°$일 때, $\angle B$의 크기를 구하시오.

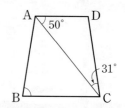

15 오른쪽 그림과 같이 □ABCD의 꼭짓점 D를 지나고 $\overline{AC}$에 평행한 직선과 $\overline{BC}$의 연장선의 교점을 E라 할 때, □ABCD의 넓이는?

① 66 cm^2 ② 68 cm^2

③ 70 cm^2 ④ 72 cm^2

⑤ 74 cm^2

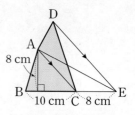

16 오른쪽 그림의 평행사변형에서 $\overline{BE} : \overline{EC} = 4 : 5$, $\overline{AF} : \overline{FE} = 3 : 2$ 이다. □ABCD의 넓이가 90 cm^2일 때, △ABF의 넓이를 구하시오.

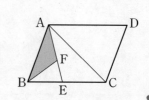

Ⅲ
도형의 닮음

GO!!
시작해 보자~

6
삼각형의 닮음

#닮음 #닮은 도형

#대응점 #대응각

#닮음비 #닮음 조건

#SSS 닮음, SAS 닮음, AA 닮음

#직각삼각형의 닮음

▶ 정답 및 풀이 9쪽

● 독도는 우리나라의 가장 동쪽에 위치하며 91개의 크고 작은 바위섬들로 이루어져 있다. 신라 시대(512년)에 이사부가 울릉도 지역의 우산국을 정벌하면서 그 부속 섬인 독도가 '우산도'로 불렸다는 기록이 있다. 이후 섬의 지명이 계속 바뀌다가 '독섬'을 한자로 표기한 현재의 '독도'라는 이름을 사용하게 되었다.

다음 그림의 두 삼각형이 합동일 때, 알맞은 합동 조건을 찾아 독도의 옛 이름들을 알아보자.

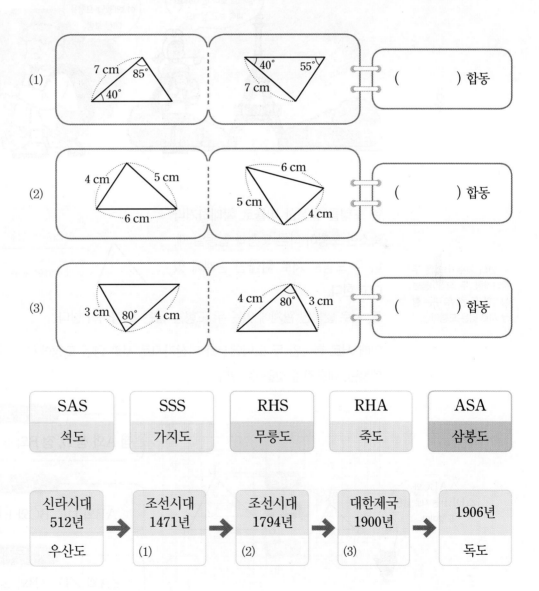

* QR코드를 스캔하여 개념 영상을 확인하세요.

16 닮은 도형

●● 닮은 도형이란 무엇일까?

한 도형을 일정한 비율로 확대하거나 축소한 도형이 다른 도형과 합동일 때, 이 두 도형은 서로 **닮음**인 관계에 있다고 한다.

또, 서로 닮음인 관계에 있는 두 도형을 **닮은 도형**이라 한다.

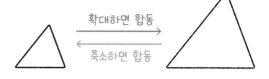

▶ 변의 개수가 같은 두 정다각형, 두 직각이등변삼각형, 두 원, 두 구는 항상 서로 닮은 도형이다.

이때 서로 합동인 두 도형에서와 마찬가지로 서로 닮은 도형에서도 다음과 같이 대응점, 대응변, 대응각을 찾을 수 있다.

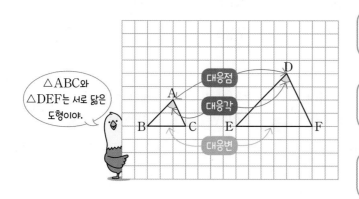

대응점

점 A와 점 D, 점 B와 점 E, 점 C와 점 F

대응변

$\overline{AB}$와 $\overline{DE}$, $\overline{BC}$와 $\overline{EF}$, $\overline{CA}$와 $\overline{FD}$

대응각

∠A와 ∠D, ∠B와 ∠E, ∠C와 ∠F

△ABC와 △DEF가 서로 닮은 도형일 때, 기호 ∽를 사용하여 나타내면 다음과 같다.

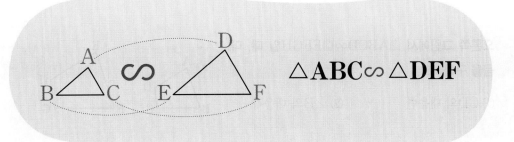

△ABC∽△DEF

기호 ∽은 닮음을 뜻하는 영어 Similar의 첫 글자 S를 뉘어서 쓴 거야.

!주의 닮은 도형을 기호로 나타낼 때, 두 도형의 대응하는 꼭짓점을 차례대로 쓴다.

+참고 한 입체도형을 일정한 비율로 확대 또는 축소한 도형이 다른 입체도형과 모양과 크기가 같을 때, 이 두 입체도형은 서로 닮음인 관계에 있다고 하고 닮음인 관계에 있는 두 입체도형을 닮은 도형이라 한다.

▶ △ABC와 △DEF가
(1) 넓이가 같을 때
   △ABC＝△DEF
   → 모양과 크기가
     다를 수 있다.
(2) 합동일 때
   △ABC≡△DEF
   → 모양과 크기가
     각각 같다.
(3) 닮음일 때
   △ABC∽△DEF
   → 모양이 같다.

✔️ 다음 그림의 두 도형이 서로 닮은 도형일 때, 두 도형의 관계를 기호 ∽를 사용하여 나타내 보자.

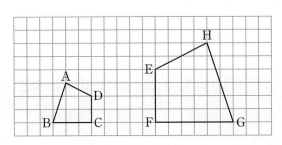

답 □ABCD∽□HGFE

꽉잡아, 개념!

회색 글씨를 따라 쓰면서 개념을 정리해 보자!

(1) **닮음**: 한 도형을 일정한 비율로 확대하거나 축소한 도형이 다른 도형과 합동 일 때, 이 두 도형은 서로 닮음인 관계에 있다고 한다.

(2) **닮은 도형**: 서로 닮음 인 관계에 있는 두 도형

(3) △ABC와 △DEF가 서로 닮은 도형일 때, 기호로 △ABC ∽ △DEF와 같이 나타낸다.

▶ 정답 및 풀이 9쪽

1 오른쪽 그림에서 □ABCD∽□EFGH일 때, 다음을 구하시오.

(1) $\overline{CD}$의 대응변   (2) ∠B의 대응각

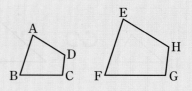

✏ **풀이** (1) $\overline{CD}$와 대응하는 변은 $\overline{GH}$이다.

(2) ∠B와 대응하는 각은 ∠F이다.

답 (1) $\overline{GH}$ (2) ∠F

1-1 오른쪽 그림에서 △ABC∽△EFD일 때, $\overline{BC}$의 대응변과 ∠C의 대응각을 각각 구하시오.

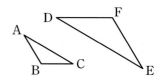

2 다음 중 항상 서로 닮은 도형이라 할 수 있는 것은 ○표, 없는 것은 ×표를 하시오.

(1) 두 정삼각형   (   )   (2) 두 직각삼각형   (   )

(3) 두 직육면체   (   )   (4) 두 구   (   )

닮은 도형은 크기와 상관없이 모양이 서로 같은 도형이야.

✏ **풀이** (2) 다음 그림의 두 직각삼각형은 서로 닮은 도형이 아니다.

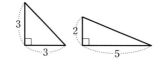

(3) 다음 그림의 두 직육면체는 서로 닮은 도형이 아니다.

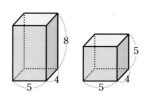

답 (1) ○ (2) × (3) × (4) ○

2-1 다음 보기 중 항상 서로 닮은 도형인 것을 모두 고르시오.

┤ 보기 ├

ㄱ. 두 평행사변형   ㄴ. 두 원   ㄷ. 두 부채꼴

ㄹ. 두 원기둥   ㅁ. 두 정육면체

17 닮음의 성질

●● 닮은 두 평면도형에는 어떤 성질이 있을까?

삼각형, 사각형 등과 같은 평면도형에서 서로 닮은 도형의 성질을 알아보자.

오른쪽 그림에서 △ABC와 △DEF는 서로 닮은 도형이다.

대응변의 길이의 비는

$$\overline{AB} : \overline{DE} = 1 : 2$$
$$\overline{BC} : \overline{EF} = 1 : 2$$
$$\overline{CA} : \overline{FD} = 1 : 2$$

→ 일정하다.

대응각의 크기를 비교하면

$$\angle A = \angle D$$
$$\angle B = \angle E$$
$$\angle C = \angle F$$

→ 같다.

▶ 대응변의 길이의 비는 가장 간단한 자연수의 비로 나타내어 비교한다.

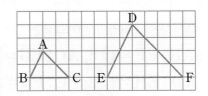
평면도형에서 닮음의 성질이야.

대응변의 길이의 비는 → 일정하다.
대응각의 크기는 → 각각 같다.

▶ 서로 합동인 두 도형
은 서로 닮은 도형이고,
그 닮음비는 1 : 1이다.

이때 서로 닮은 두 평면도형에서 대응변의 길이의 비를 닮음비라 한다.

예를 들어 앞의 △ABC와 △DEF의 닮음비는 1 : 2이다.

 오른쪽 그림에서 □ABCD∽□EFGH
일 때, □ABCD와 □EFGH의 닮음비
를 구해 보자.

답 1 : 3

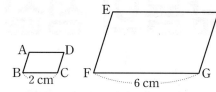

●●닮은 두 입체도형에는 어떤 성질이 있을까?

평면도형에서와 마찬가지로 입체도형에서도 서로 닮은 도형의 성질을 알아보자.

오른쪽 그림에서 사면체 ㈏는 사면체 ㈎의 각 모서
리의 길이를 2배로 확대한 것이다.

따라서 두 사면체 ㈎와 ㈏는 서로 닮은 도형이다.

(가)

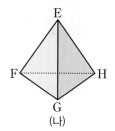

(나)

대응하는 모서리의 길이의 비는

$\overline{AB} : \overline{EF} = 1 : 2$, $\overline{AC} : \overline{EG} = 1 : 2$

$\overline{AD} : \overline{EH} = 1 : 2$, $\overline{BC} : \overline{FG} = 1 : 2$

$\overline{CD} : \overline{GH} = 1 : 2$, $\overline{BD} : \overline{FH} = 1 : 2$

→ 일정하다.

대응하는 면을 살펴보면

△ABC ∽ △EFG

△BCD ∽ △FGH

△ACD ∽ △EGH

△ABD ∽ △EFH

→ 닮은 도형이다.

입체도형에서
닮음의 성질이야.

대응하는 모서리의 길이의 비는 → 일정하다.

대응하는 면은 → 닮은 도형이다.

이때 서로 닮은 두 입체도형에서 대응하는 모서리의 길이의 비를 닮음비라 한다.

예를 들어 위의 두 사면체 ㈎와 ㈏의 닮음비는 1 : 2이다.

그런데 원, 원기둥, 원뿔, 구와 같은 도형은 대응하는 변, 모서리가 없는데 닮음비를 어떻게 구할까?

이와 같은 도형의 닮음비는 다음과 같이 구할 수 있다.

원	원기둥	원뿔	구
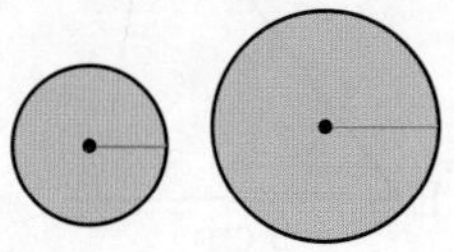 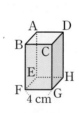	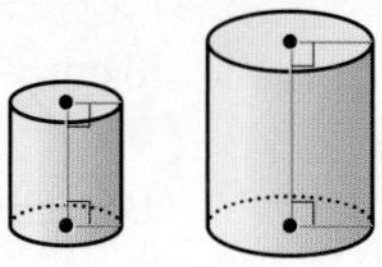 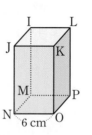	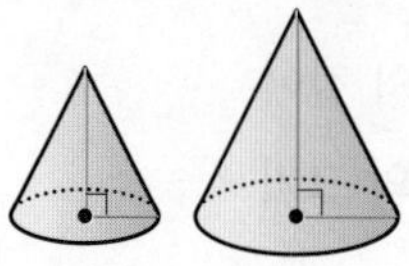	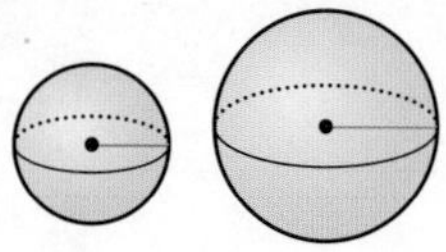
(닮음비) =(반지름의 길이의 비)	(닮음비) =(밑면의 반지름의 길이의 비) =(높이의 비)	(닮음비) =(밑면의 반지름의 길이의 비) =(높이의 비) =(모선의 길이의 비)	(닮음비) =(반지름의 길이의 비)

✓ 오른쪽 그림에서 두 직육면체는 서로 닮은 도형이고 $\overline{AB}$에 대응하는 모서리가 $\overline{IJ}$일 때, 두 직육면체의 닮음비를 구해 보자.

답 2 : 3

회색 글씨를 따라 쓰면서 개념을 정리해 보자!

꽉 잡아, 개념!

(1) **평면도형에서 닮음의 성질:** 서로 닮은 두 평면도형에서

① 대응변의 길이의 비는 일정하다.

② 대응각의 크기는 각각 같다.

③ 닮음비: 대응변의 길이의 비

(2) **입체도형에서 닮음의 성질:** 서로 닮은 두 입체도형에서

① 대응하는 모서리의 길이의 비는 일정하다.

② 대응하는 면은 닮은 도형이다.

③ 닮음비: 대응하는 모서리의 길이의 비

개념을 Go, Go! 확인해 보자

1 **오른쪽 그림에서 $\triangle ABC \backsim \triangle DEF$일 때, 다음을 구하시오.**

(1) $\overline{DE}$의 길이

(2) $\angle C$의 크기

A
B
C
8 cm
6 cm
D
E
F
80°
9 cm

서로 닮은
두 삼각형의 닮음비를
먼저 구해.

풀이 (1) $\overline{BC}$의 대응변은 $\overline{EF}$이므로

$\overline{BC} : \overline{EF} = 6 : 9 = 2 : 3$

즉, $\triangle ABC$와 $\triangle DEF$의 닮음비는 $2 : 3$이다.

$\overline{DE}$의 대응변은 $\overline{AB}$이고 닮음비가 $2 : 3$이므로

$8 : \overline{DE} = 2 : 3$, $2\overline{DE} = 24$

$\therefore \overline{DE} = 12$ cm

(2) $\angle C$의 대응각은 $\angle F$이므로 $\angle C = \angle F = 80°$

답 (1) **12 cm** (2) **80°**

1-1 **오른쪽 그림에서 $\square ABCD \backsim \square EFGH$일 때, 다음을 구하시오.**

(1) $\overline{CD}$의 길이

(2) $\angle H$의 크기

A
D
95°
75°
80°
B
C
9 cm
E
H
8 cm
F
G
12 cm

1-2 **오른쪽 그림에서 $\triangle ABC \backsim \triangle DEF$일 때, $\triangle ABC$의 둘레의 길이를 구하시오.**

A
18 cm
12 cm
B
C
D
6 cm
E
5 cm
F

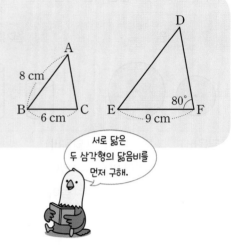

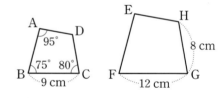

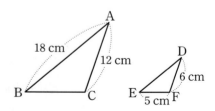

2 오른쪽 그림에서 두 삼각기둥은 서로 닮은 도형이고 $\overline{AB}$에 대응하는 모서리가 $\overline{GH}$일 때, 다음을 구하시오.

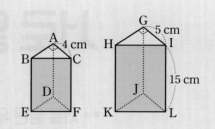

(1) $\overline{CF}$의 길이

(2) 면 ADFC에 대응하는 면

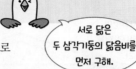

서로 닮은 두 삼각기둥의 닮음비를 먼저 구해.

✏ **풀이** (1) $\overline{AC}$에 대응하는 모서리는 $\overline{GI}$이므로

$\overline{AC} : \overline{GI} = 4 : 5$

즉, 두 삼각기둥의 닮음비는 $4 : 5$이다.

$\overline{CF}$에 대응하는 모서리는 $\overline{IL}$이고 닮음비가 $4 : 5$이므로

$\overline{CF} : 15 = 4 : 5$, $5\overline{CF} = 60$ ∴ $\overline{CF} = 12$ cm

(2) 면 ADFC에 대응하는 면은 면 GJLI이다.

🔖 (1) **12 cm** (2) 면 **GJLI**

2-1 오른쪽 그림에서 두 직육면체는 서로 닮은 도형이고 $\overline{AB}$에 대응하는 모서리가 $\overline{IJ}$일 때, 다음을 구하시오.

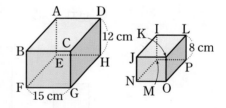

(1) $\overline{NO}$의 길이

(2) 면 AEHD에 대응하는 면

2-2 오른쪽 그림에서 두 원뿔 A, B가 서로 닮은 도형일 때, 다음을 구하시오.

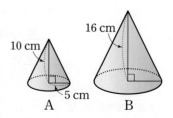

(1) 두 원뿔 A, B의 닮음비

(2) 원뿔 B의 밑면의 반지름의 길이

18

* QR코드를 스캔하여 개념 영상을 확인하세요.

서로 닮은 두 도형에서의 비

●● 서로 닮은 두 도형에서의 비는 어떻게 될까?

닮음비를 이용하여 서로 닮은 두 정사각형에서 둘레의 길이의 비와 넓이의 비를 구해 보자.

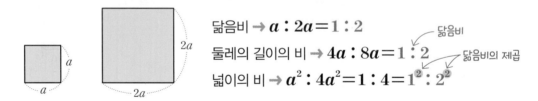

닮음비 → $a : 2a = 1 : 2$

둘레의 길이의 비 → $4a : 8a = 1 : 2$ 닮음비

넓이의 비 → $a^2 : 4a^2 = 1 : 4 = 1^2 : 2^2$ 닮음비의 제곱

따라서 둘레의 길이의 비는 닮음비와 같고, 넓이의 비는 닮음비의 제곱과 같음을 알 수 있다.

또, 서로 닮은 두 정육면체에서도 닮음비를 이용하여 겉넓이의 비와 부피의 비를 구해 보자.

▶ 서로 닮은 두 입체도형에서 밑넓이의 비, 옆넓이의 비도 닮음비의 제곱과 같다.

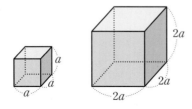

닮음비 → $a : 2a = 1 : 2$

겉넓이의 비 → $6a^2 : 24a^2 = 1 : 4 = 1^2 : 2^2$ 닮음비의 제곱

부피의 비 → $a^3 : 8a^3 = 1 : 8 = 1^3 : 2^3$ 닮음비의 세제곱

따라서 겉넓이의 비는 닮음비의 제곱과 같고, 부피의 비는 닮음비의 세제곱과 같음을 알 수 있다.

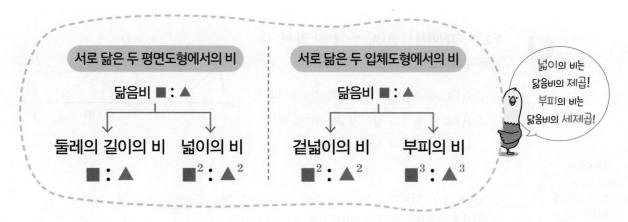

아래 그림에서 두 도형이 서로 닮은 도형일 때, 다음을 구해 보자.

(1)

(2)

닮음비	
둘레의 길이의 비	
넓이의 비	

닮음비	
겉넓이의 비	
부피의 비	

답 (1) 2 : 5, 2 : 5, 4 : 25 (2) 1 : 3, 1 : 9, 1 : 27

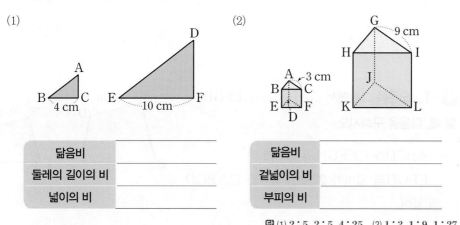

꽉 잡아, 개념!

(1) 서로 닮은 두 평면도형에서의 비

닮음비가 $m : n$일 때

① 둘레의 길이의 비 ➡ $\boxed{m : n}$　　② 넓이의 비 ➡ $\boxed{m^2 : n^2}$

(2) 서로 닮은 두 입체도형에서의 비

닮음비가 $m : n$일 때

① 겉넓이의 비 ➡ $\boxed{m^2 : n^2}$　　② 부피의 비 ➡ $\boxed{m^3 : n^3}$

▶ 정답 및 풀이 10쪽

 오른쪽 그림에서 △ABC∽△DEF일 때, 다음을 구하시오.

(1) △ABC와 △DEF의 둘레의 길이의 비
(2) △ABC의 둘레의 길이가 24 cm일 때, △DEF의 둘레의 길이

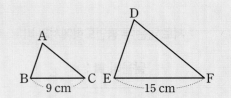

닮은 도형의
둘레의 길이의 비,
넓이의 비는 닮음비를
이용해서 구해.

✎ 풀이 (1) △ABC와 △DEF의 닮음비가 9 : 15＝3 : 5이므로 둘레의 길이의 비는 3 : 5이다.
(2) △DEF의 둘레의 길이를 x cm라 하면
  3 : 5＝24 : x, $3x＝120$ ∴ $x＝40$
  따라서 △DEF의 둘레의 길이는 40 cm이다.

🖹 (1) 3 : 5 (2) 40 cm

1-1 오른쪽 그림에서 □ABCD∽□EFGH일 때, 다음을 구하시오.

(1) □ABCD와 □EFGH의 넓이의 비
(2) □EFGH의 넓이가 27 cm²일 때, □ABCD의 넓이

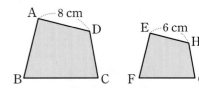

1-2 오른쪽 그림에서 두 삼각뿔 A, B가 서로 닮은 도형일 때, 다음을 구하시오.

(1) 삼각뿔 A의 겉넓이가 36 cm²일 때, 삼각뿔 B의 겉넓이
(2) 삼각뿔 B의 부피가 135 cm³일 때, 삼각뿔 A의 부피

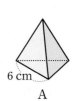
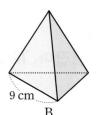

19

삼각형의 닮음 조건

●● 두 삼각형이 서로 닮은 도형이 되는 조건에는 어떤 것이 있을까?

삼각형의 합동 조건을 이용하면 세 변의 길이와 세 각의 크기를 모두 비교하지 않아도 두 삼각형이 서로 합동인지 알 수 있다. 마찬가지로 두 삼각형이 서로 닮은 도형인지 알아볼 때, 대응변의 길이의 비와 대응각의 크기를 모두 비교할 필요는 없다.

그렇다면 두 삼각형이 서로 닮은 도형이 되는 조건은 무엇일까?

다음 그림에서 △ABC와 △DEF는 닮음비가 1 : 2인 닮은 도형이다. 이때 △A′B′C′이 △DEF와 합동이면 △ABC와 △A′B′C′도 서로 닮은 도형이 된다.

> **삼각형의 합동 조건**
> 두 삼각형은 다음 각 경우에 서로 합동이다.
> (1) 대응하는 세 변의 길이가 각각 같을 때
> (SSS 합동)
> (2) 대응하는 두 변의 길이가 각각 같고, 그 끼인각의 크기가 같을 때
> (SAS 합동)
> (3) 대응하는 한 변의 길이가 같고, 그 양 끝각의 크기가 각각 같을 때 (ASA 합동)

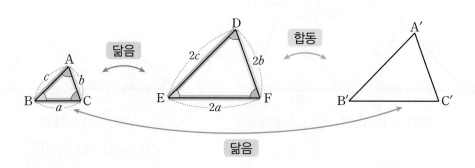

이때 다음의 각 경우에 주어진 △A′B′C′이 △ABC와 서로 닮은 도형인지 확인해 보자.

1 $\triangle A'B'C'$에서 $\overline{B'C'}=2a$, $\overline{C'A'}=2b$, $\overline{A'B'}=2c$인 경우

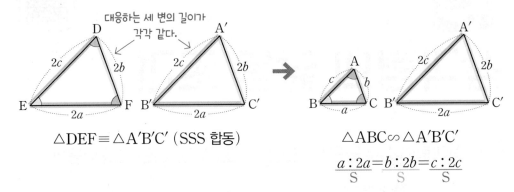

$$\triangle DEF \equiv \triangle A'B'C' \text{ (SSS 합동)}$$

$$\triangle ABC \varpropto \triangle A'B'C'$$

$$\underset{S}{a:2a}=\underset{S}{b:2b}=\underset{S}{c:2c}$$

즉, 세 쌍의 대응변의 길이의 비가 같은 두 삼각형은 서로 닮은 도형이다. (SSS 닮음)

2 $\triangle A'B'C'$에서 $\overline{B'C'}=2a$, $\overline{A'B'}=2c$, $\angle B'=\angle E$인 경우

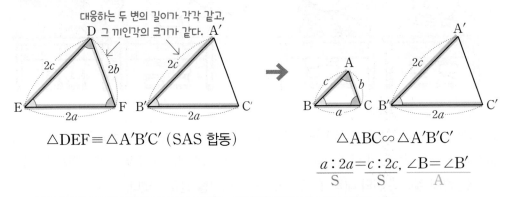

$$\triangle DEF \equiv \triangle A'B'C' \text{ (SAS 합동)}$$

$$\triangle ABC \varpropto \triangle A'B'C'$$

$$\underset{S}{a:2a}=\underset{S}{c:2c}, \underset{A}{\angle B=\angle B'}$$

즉, 두 쌍의 대응변의 길이의 비가 같고, 그 끼인각의 크기가 같은 두 삼각형은 서로 닮은 도형이다. (SAS 닮음)

3 $\triangle A'B'C'$에서 $\angle B'=\angle E$, $\angle C'=\angle F$, $\overline{B'C'}=2a$인 경우

▶ 두 삼각형에서 두 쌍의 대응각의 크기가 각각 같으면 나머지 한 쌍의 대응각의 크기도 같으므로 두 삼각형의 모양은 같다.

→ 두 쌍의 대응각의 크기만 각각 같아도 두 삼각형은 서로 닮은 도형이다.

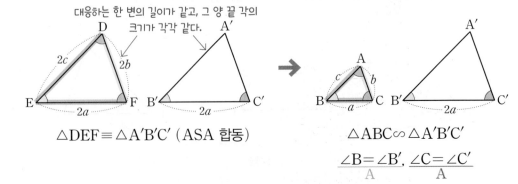

$$\triangle DEF \equiv \triangle A'B'C' \text{ (ASA 합동)}$$

$$\triangle ABC \varpropto \triangle A'B'C'$$

$$\underset{A}{\angle B=\angle B'}, \underset{A}{\angle C=\angle C'}$$

즉, 두 쌍의 대응각의 크기가 각각 같은 두 삼각형은 서로 닮은 도형이다. (AA 닮음)

일반적으로 앞의 세 조건 중 하나를 만족시키는 두 삼각형은 서로 닮은 도형이다.
이것을 **삼각형의 닮음 조건**이라 한다.

✔️ 다음 그림에서 두 삼각형이 서로 닮은 도형일 때, ☐ 안에 알맞은 것을 써넣어 보자.

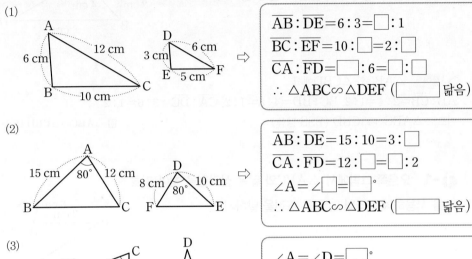

(1)
$\overline{AB} : \overline{DE} = 6 : 3 = \boxed{} : 1$

$\overline{BC} : \overline{EF} = 10 : \boxed{} = 2 : \boxed{}$

$\overline{CA} : \overline{FD} = \boxed{} : 6 = \boxed{} : \boxed{}$

∴ △ABC∽△DEF (☐ 닮음)

(2)
$\overline{AB} : \overline{DE} = 15 : 10 = 3 : \boxed{}$

$\overline{CA} : \overline{FD} = 12 : \boxed{} = \boxed{} : 2$

$\angle A = \angle \boxed{} = \boxed{}°$

∴ △ABC∽△DEF (☐ 닮음)

(3)
$\angle A = \angle D = \boxed{}°$

$\angle C = \angle \boxed{} = \boxed{}°$

∴ △ABC∽△DEF (☐ 닮음)

📋 (1) 2, 5, 1, 12, 2, 1, SSS (2) 2, 8, 3, D, 80, SAS (3) 35, F, 70, AA

회색 글씨를 따라 쓰면서 개념을 정리해 보자!

꽉 잡아, 개념!

삼각형의 닮음 조건

다음 조건 중 하나를 만족시키는 두 삼각형 ABC, A′B′C′은 서로 닮은 도형이다.

(1) 세 쌍의 대응변의 길이의 비가 같을 때 (SSS 닮음)

➡️ $a : a' = b : b' = c : \boxed{c'}$

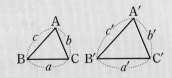

(2) 두 쌍의 대응변의 길이의 비가 같고, 그 끼인각의 크기가
같을 때 (SAS 닮음)

➡️ $a : a' = c : c'$, $\angle B = \boxed{\angle B'}$

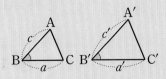

(3) 두 쌍의 대응각의 크기가 각각 같을 때 (AA 닮음)

➡️ $\angle B = \angle B'$, $\boxed{\angle C} = \angle C'$

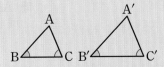

▶ 정답 및 풀이 10쪽

1 오른쪽 그림에서 △ABC와 닮은 삼각형을 찾아 기호 ∽를 사용하여 나타내고, 닮음 조건을 말하시오.

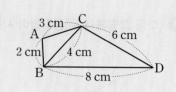

✎ **풀이** △ABC와 △CBD에서

$\overline{AB}:\overline{CB}=2:4=1:2$, $\overline{BC}:\overline{BD}=4:8=1:2$, $\overline{CA}:\overline{DC}=3:6=1:2$

이므로 △ABC∽△CBD (SSS 닮음)

📋 △ABC∽△CBD (SSS 닮음)

1-1 오른쪽 그림에서 △ABC와 닮은 삼각형을 찾아 기호 ∽를 사용하여 나타내고, 닮음 조건을 말하시오.

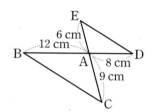

2 오른쪽 그림과 같은 △ABC에서 $\overline{AD}$의 길이를 구하시오.

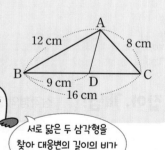

서로 닮은 두 삼각형을 찾아 대응변의 길이의 비가 일정함을 이용해.

✎ **풀이** △ABC와 △DBA에서

$\overline{AB}:\overline{DB}=12:9=4:3$, $\overline{BC}:\overline{BA}=16:12=4:3$, ∠B는 공통

이므로 △ABC∽△DBA (SAS 닮음)

닮음비가 4 : 3이므로 $\overline{CA}:\overline{AD}=4:3$에서

$8:\overline{AD}=4:3$, $4\overline{AD}=24$ ∴ $\overline{AD}=6$ cm

📋 6 cm

2-1 오른쪽 그림과 같은 △ABC에서 ∠B=∠AED일 때, $\overline{AB}$의 길이를 구하시오.

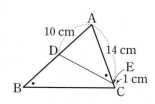

20

직각상각형의 닮음

* QR코드를 스캔하여 개념 영상을 확인하세요.

●● 직각삼각형에서 닮음을 이용하여 변의 길이를 구해 볼까?

오른쪽 그림과 같이 $\angle A = 90°$인 직각삼각형 ABC의 꼭짓점 A에서 빗변 BC에 수선의 발 D를 내리면 세 직각삼각형 ABC, DBA, DAC가 생긴다.

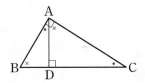

이때 $\angle BAD = \angle C$, $\angle DAC = \angle B$이므로

$$\triangle ABC \backsim \triangle DBA \backsim \triangle DAC \text{ (AA 닮음)}$$

이다.

▶ 한 예각의 크기가 같은 두 직각삼각형은 AA 닮음이다.

위와 같은 직각삼각형의 닮음으로부터 다음을 알 수 있다.

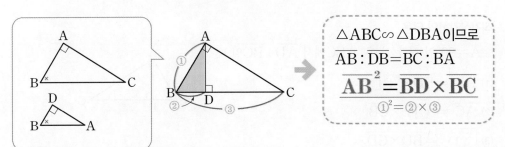

$\triangle ABC \backsim \triangle DBA$이므로

$\overline{AB} : \overline{DB} = \overline{BC} : \overline{BA}$

$$\overline{AB}^2 = \overline{BD} \times \overline{BC}$$
①² = ② × ③

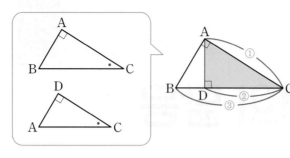

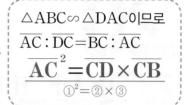

$\triangle ABC \backsim \triangle DAC$이므로
$$\overline{AC} : \overline{DC} = \overline{BC} : \overline{AC}$$
$$\overline{AC}^2 = \overline{CD} \times \overline{CB}$$
$$①^2 = ② \times ③$$

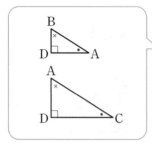

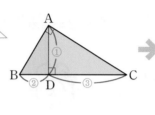

$\triangle BDA \backsim \triangle ADC$이므로
$$\overline{AD} : \overline{CD} = \overline{BD} : \overline{AD}$$
$$\overline{AD}^2 = \overline{BD} \times \overline{CD}$$
$$①^2 = ② \times ③$$

✔ 다음 그림에서 x의 값을 구해 보자.

(1)
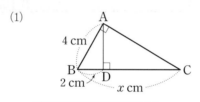

$\overline{AB}^2 = \boxed{} \times \overline{BC}$이므로

$\boxed{}^2 = 2 \times x$ $\therefore x = \boxed{}$

(2)
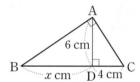

$\overline{AD}^2 = \overline{BD} \times \boxed{}$이므로

$\boxed{}^2 = x \times \boxed{}$ $\therefore x = \boxed{}$

답 (1) BD, 4, 8   (2) CD, 6, 4, 9

꽉 잡아, 개념!

직각삼각형의 닮음

$\angle A = 90°$인 직각삼각형 ABC에서 $\overline{AD} \perp \overline{BC}$일 때

(1) $\overline{AB}^2 = \overline{BD} \times \boxed{\overline{BC}}$

(2) $\overline{AC}^2 = \boxed{\overline{CD}} \times \overline{CB}$

(3) $\boxed{\overline{AD}^2} = \overline{BD} \times \overline{CD}$

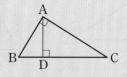

1 오른쪽 그림과 같이 ∠A=90°인 직각삼각형 ABC에서 $\overline{AD} \perp \overline{BC}$일 때, x의 값을 구하시오.

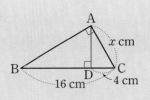

✏️ **풀이** $\overline{AC}^2 = \overline{CD} \times \overline{CB}$이므로 $x^2 = 4 \times 16 = 64$

이때 $8^2 = 64$이고 $x > 0$이므로 $x = 8$

답 8

1-1 오른쪽 그림과 같이 ∠C=90°인 직각삼각형 ABC에서 $\overline{AB} \perp \overline{CD}$일 때, x의 값을 구하시오.

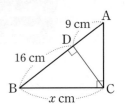

2 오른쪽 그림과 같이 ∠A=90°인 직각삼각형 ABC에서 $\overline{AD} \perp \overline{BC}$일 때, △ABC의 넓이를 구하시오.

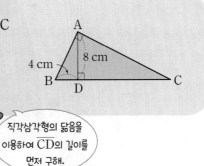

직각삼각형의 닮음을 이용하여 $\overline{CD}$의 길이를 먼저 구해.

✏️ **풀이** $\overline{AD}^2 = \overline{BD} \times \overline{CD}$이므로

$8^2 = 4 \times \overline{CD}$ ∴ $\overline{CD} = 16$ cm

따라서 $\overline{BC} = 4 + 16 = 20$(cm)이므로

$\triangle ABC = \dfrac{1}{2} \times 20 \times 8 = 80 (cm^2)$

답 80 cm²

2-1 오른쪽 그림과 같이 ∠B=90°인 직각삼각형 ABC에서 $\overline{AC} \perp \overline{BD}$일 때, △ABC의 넓이를 구하시오.

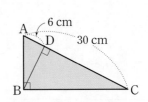

7
삼각형과 평행선

#삼각형의 닮음

#평행선 #각의 이등분선

#평행선 사이의 선분의 길이

#중점

▶ 정답 및 풀이 11쪽

● 절기는 1년을 24로 나눈 것으로, 계절을 구분하기 위해 만들어졌다고 한다. 다음은 24절기 중 한 절기를 설명한 것이다.

> 한로와 입동 사이의 절기로 양력 10월 23일 무렵이 된다. 서리가 내린다는 의미로 이 시기에 낮에는 가을의 쾌청한 날씨이지만 밤에는 기온이 낮아지고 쌀쌀해지는 때이다. 농사 달력으로 봤을 때 이 시기에 추수가 마무리되는 때이기에 겨울을 준비해야 한다.

다음 그림의 △ABC에서 서로 닮은 삼각형과 그 닮음 조건을 찾고, x의 값으로 알맞은 것의 길을 따라 이동하여 이 절기의 이름을 알아보자.

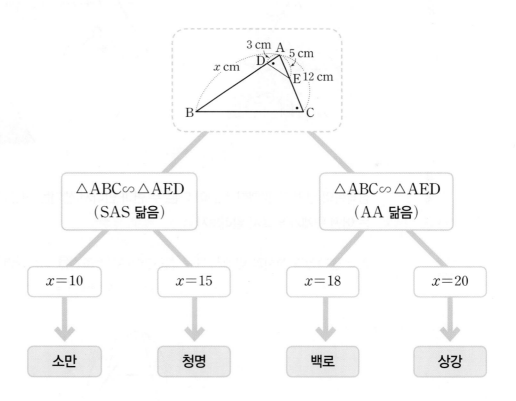

정답 [　　　　　]

* QR코드를 스캔하여 개념 영상을 확인하세요.

21

삼각형에서 평행선과
선분의 길이의 비

●● 삼각형에서 평행선과 선분의 길이의 비 사이에는 어떤 관계가 있을까?

삼각형의 한 변에 평행한 직선이 다른 두 변과 만나서 생기는 선분과 삼각형의 변 사이에는 어떤 관계가 있을지 알아보자.

이때 평행선의 성질과 앞에서 배운 삼각형의 닮음 조건을 이용하면 두 삼각형이 서로 닮은 도형임을 보일 수 있고, 다음과 같은 관계가 성립함을 알 수 있다.

평행한 두 직선이 ← 다른 한 직선과 만날 때, 동위각 또는 엇각의 크기는 같다.

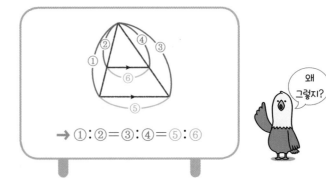

$$→ ① : ② = ③ : ④ = ⑤ : ⑥$$

위의 관계를 확인해 보자.

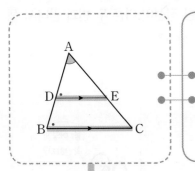

두 삼각형이 서로 닮은 도형임을 확인하기

$\overline{BC}$에 평행한 직선과 $\overline{AB}$, $\overline{AC}$의 교점을 각각 D, E
라 하면 △ABC와 △ADE에서

　　∠A는 공통

　　∠ABC=∠ADE (동위각) ← $\overline{BC}$∥$\overline{DE}$

이므로 △ABC∽△ADE (AA 닮음)

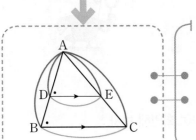

선분의 길이의 비 구하기

△ABC∽△ADE이므로
$$\overline{AB}:\overline{AD}=\overline{AC}:\overline{AE}=\overline{BC}:\overline{DE}$$

▶ **평행선과 동위각의 성질**

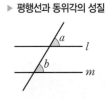

① l∥m이면 ∠a=∠b
이다.

② ∠a=∠b이면 l∥m
이다.

마찬가지로 △ABC에서 $\overline{BC}$에 평행한 직선과 $\overline{AB}$, $\overline{AC}$의 연장선의 교점을 각각 D, E
라 하면 $\overline{BC}$∥$\overline{DE}$이므로 다음이 성립한다.

▶ **평행선과 엇각의 성질**

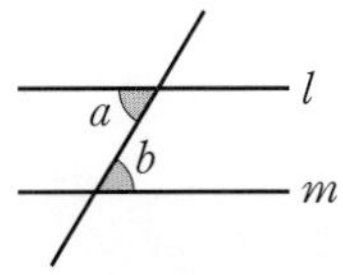

① l∥m이면 ∠a=∠b
이다.

② ∠a=∠b이면 l∥m
이다.

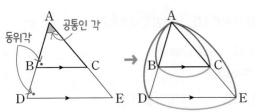
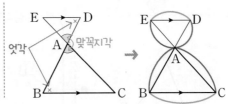

$$\text{△ABC∽△ADE (AA 닮음)} \rightarrow \overline{AB}:\overline{AD}=\overline{AC}:\overline{AE}=\overline{BC}:\overline{DE}$$

참고 $\overline{AB}:\overline{AD}=\overline{AC}:\overline{AE}$이면 $\overline{BC}$∥$\overline{DE}$이다.

 오른쪽 그림에서 $\overline{BC}$∥$\overline{DE}$일 때, x의 값을 구해 보자.

$\overline{AB}:\overline{AD}=\overline{AC}:\boxed{}$이므로

$14:\boxed{}=x:\boxed{}$　　∴ $x=\boxed{}$

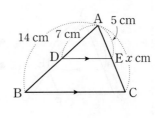

답 AE, 7, 5, 10

앞에서 배운 것과 같은 원리로 삼각형의 한 변에 평행한 직선이 다른 두 변과 만나서 생기는 선분과 삼각형의 변 사이에는 다음과 같은 관계도 성립한다.

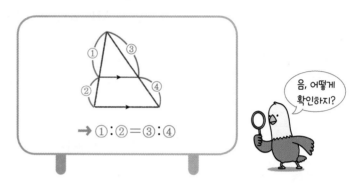

위의 관계를 평행선의 성질과 삼각형의 닮음을 이용하여 확인해 보자.

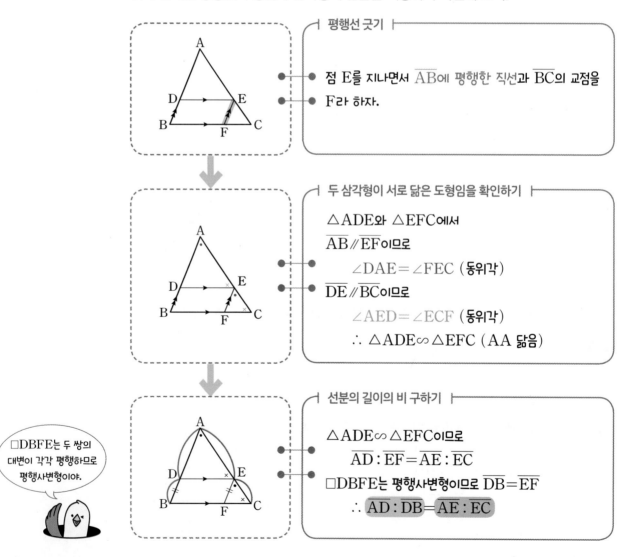

평행선 긋기

점 E를 지나면서 $\overline{AB}$에 평행한 직선과 $\overline{BC}$의 교점을 F라 하자.

두 삼각형이 서로 닮은 도형임을 확인하기

△ADE와 △EFC에서
$\overline{AB} /\!/ \overline{EF}$이므로
∠DAE＝∠FEC (동위각)
$\overline{DE} /\!/ \overline{BC}$이므로
∠AED＝∠ECF (동위각)
∴ △ADE∽△EFC (AA 닮음)

선분의 길이의 비 구하기

△ADE∽△EFC이므로
$\overline{AD} : \overline{EF} = \overline{AE} : \overline{EC}$
□DBFE는 평행사변형이므로 $\overline{DB} = \overline{EF}$
∴ $\overline{AD} : \overline{DB} = \overline{AE} : \overline{EC}$

□DBFE는 두 쌍의 대변이 각각 평행하므로 평행사변형이야.

마찬가지로 △ABC에서 $\overline{BC}$에 평행한 직선과 $\overline{AB}$, $\overline{AC}$의 연장선의 교점을 각각 D, E 라 하면 $\overline{BC} /\!/ \overline{DE}$이므로 다음이 성립한다.

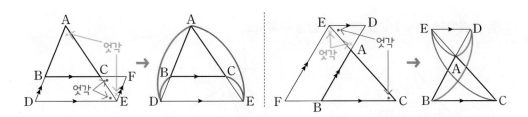

$$\triangle ADE \backsim \triangle EFC \,(AA \text{ 닮음}) \rightarrow \overline{AD}:\overline{EF}=\overline{AE}:\overline{EC}$$

$$\rightarrow \overline{AD}:\overline{DB}=\overline{AE}:\overline{EC}$$

□BDEF가
평행사변형이므로
$\overline{EF}=\overline{DB}$이다.

참고 $\overline{AD}:\overline{DB}=\overline{AE}:\overline{EC}$이면 $\overline{BC} /\!/ \overline{DE}$이다.

✓ **오른쪽 그림에서 $\overline{BC} /\!/ \overline{DE}$일 때, x의 값을 구해 보자.**

$\overline{AD}:\boxed{}=\overline{AE}:\overline{EC}$이므로

$6:x=3:\boxed{}$ ∴ $x=\boxed{}$

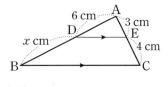

답 DB, 4, 8

회색 글씨를
따라 쓰면서
개념을 정리해 보자!

꽉 잡아, 개념!

삼각형에서 평행선과 선분의 길이의 비

△ABC에서 $\overline{AB}$, $\overline{AC}$ 또는 그 연장선 위에 두 점 D, E가 있을 때, $\overline{BC} /\!/ \overline{DE}$이면

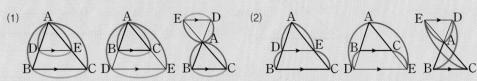

(1) ➡ $\overline{AB}:\overline{AD}=\overline{AC}:\boxed{\overline{AE}}=\overline{BC}:\overline{DE}$ (2) ➡ $\overline{AD}:\overline{DB}=\overline{AE}:\boxed{\overline{EC}}$

참고 $\overline{AB}:\overline{AD}=\overline{AC}:\overline{AE}$이거나 $\overline{AD}:\overline{DB}=\overline{AE}:\overline{EC}$이면 $\overline{BC} /\!/ \overline{DE}$이다.

1 다음 그림에서 $\overline{BC} \parallel \overline{DE}$일 때, x의 값을 구하시오.

(1)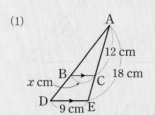

(2)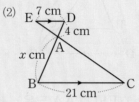

✎ **풀이** (1) $\overline{AE} : \overline{AC} = \overline{DE} : \overline{BC}$이므로

$18 : 12 = 9 : x$, $18x = 108$ ∴ $x = 6$

(2) $\overline{AB} : \overline{AD} = \overline{BC} : \overline{DE}$이므로

$x : 4 = 21 : 7$, $7x = 84$ ∴ $x = 12$

그림으로 떠올려 봐.

→ ① : ② = ③ : ④ = ⑤ : ⑥

🖐 **답** (1) 6 (2) 12

1-1 오른쪽 그림에서 $\overline{BC} \parallel \overline{DE}$일 때, x, y의 값을 각각 구하시오.

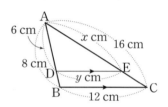

1-2 다음 그림에서 $\overline{BC}$와 $\overline{DE}$가 평행하면 ○표, 평행하지 않으면 ✕표를 하시오.

(1)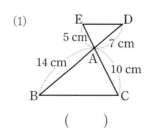

(   )

(2)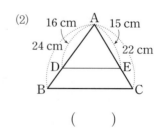

(   )

2 다음 그림에서 $\overline{BC} /\!/ \overline{DE}$일 때, x의 값을 구하시오.

(1)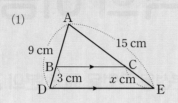

(2)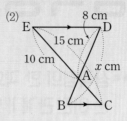

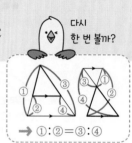

다시 한 번 볼까?

→ ①:②=③:④

✏️ **풀이** (1) $\overline{AD}:\overline{DB}=\overline{AE}:\overline{EC}$이므로

$9:3=15:x$, $9x=45$ ∴ $x=5$

(2) $\overline{AD}:\overline{DB}=\overline{AE}:\overline{EC}$이므로

$8:x=10:15$, $10x=120$ ∴ $x=12$

📘 **답** (1) 5 (2) 12

2-1 오른쪽 그림에서 $\overline{BC} /\!/ \overline{DE}$일 때, x, y의 값을 각각 구하시오.

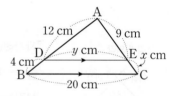

2-2 다음 그림에서 $\overline{BC}$와 $\overline{DE}$가 평행하면 ○표, 평행하지 않으면 ×표를 하시오.

(1)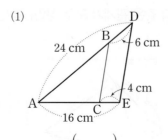

( )

(2)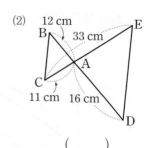

( )

22 삼각형의 각의 이등분선

* QR코드를 스캔하여 개념 영상을 확인하세요.

●●삼각형의 한 각의 이등분선을 그었을 때, 선분의 길이의 비 사이에는 어떤 관계가 있을까?

▶ **내각과 외각**

① 내각: 다각형의 이웃하는 두 변으로 이루어진 각
② 외각: 다각형의 각 꼭짓점에서 한 변과 그 변에 이웃하는 변의 연장선이 이루는 각

삼각형에서 각은 내각과 외각이 있다. 삼각형의 내각 또는 외각을 이등분하여 생긴 선분들 사이에는 어떤 관계가 있을까?
삼각형의 한 내각과 외각의 이등분선을 그어서 알아보자.

삼각형의 한 내각 또는 한 외각의 이등분선을 그으면 2개의 삼각형을 만들 수 있다.
이때 '개념 **21**'에서 배운 삼각형에서 평행선과 선분의 길이의 비를 이용하면 각을 이등분하여 생긴 선분의 길이 사이에 다음과 같은 관계가 모두 성립한다는 것을 알 수 있다.

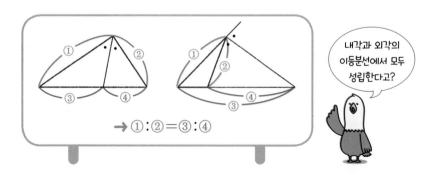

$$→ ① : ② = ③ : ④$$

먼저 삼각형의 한 내각의 이등분선을 그었을 때, 선분의 길이의 비를 확인해 보자.

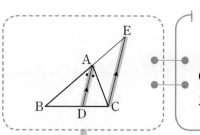

┤ 평행선 긋기 ├

∠A의 이등분선을 그어 $\overline{BC}$와의 교점을 D라 하고 점 C를 지나면서 $\overline{AD}$에 평행한 직선과 $\overline{BA}$의 연장선의 교점을 E라 하자.

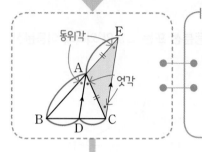

┤ 선분의 길이의 비에 대한 조건 찾기 ├

△BCE에서 $\overline{AD} /\!/ \overline{EC}$이므로

$$\overline{BA} : \overline{AE} = \overline{BD} : \overline{DC}$$

∠AEC=∠ACE이므로 △ACE는 $\overline{AC}=\overline{AE}$인 이등변삼각형이다.

$\overline{AD} /\!/ \overline{EC}$ 이므로 동위각과 엇각의 크기는 각각 같아.

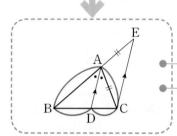

┤ 선분의 길이의 비 구하기 ├

$\overline{BA} : \overline{AE} = \overline{BD} : \overline{DC}$에서 $\overline{AE}=\overline{AC}$이므로

$$\boxed{AB : AC} = \boxed{BD : CD}$$

또, 삼각형의 한 외각의 이등분선을 그었을 때, 선분의 길이의 비를 확인해 보자.

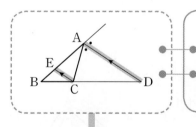

┤ 평행선 긋기 ├

∠A의 외각의 이등분선을 그어 $\overline{BC}$의 연장선과의 교점을 D라 하고 점 C를 지나면서 $\overline{AD}$에 평행한 직선과 $\overline{AB}$의 교점을 E라 하자.

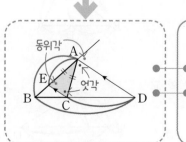

┤ 선분의 길이의 비에 대한 조건 찾기 ├

△BDA에서 $\overline{EC} /\!/ \overline{AD}$이므로

$$\overline{BA} : \overline{AE} = \overline{BD} : \overline{DC}$$

∠AEC=∠ACE이므로 △ACE는 $\overline{AE}=\overline{AC}$인 이등변삼각형이다.

$\overline{EC} /\!/ \overline{AD}$ 이므로 동위각과 엇각의 크기는 각각 같아.

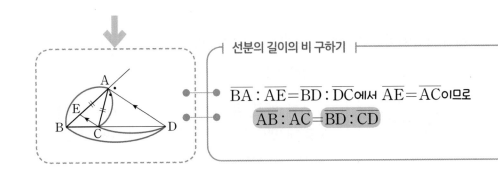

선분의 길이의 비 구하기

$\overline{BA} : \overline{AE} = \overline{BD} : \overline{DC}$에서 $\overline{AE} = \overline{AC}$이므로

$$\overline{AB} : \overline{AC} = \overline{BD} : \overline{CD}$$

✓ 다음 그림과 같은 △ABC에서 $\overline{AD}$가 ∠A의 이등분선 또는 ∠A의 외각의 이등분선일 때, x의 값을 구해 보자.

(1)
$\overline{AB} : \overline{AC} = \boxed{} : \overline{CD}$이므로

$4 : \boxed{} = \boxed{} : x$ ∴ $x = \boxed{}$

(2)
$\overline{AB} : \overline{AC} = \overline{BD} : \boxed{}$이므로

$x : \boxed{} = 8 : \boxed{}$ ∴ $x = \boxed{}$

답 (1) BD, 6, 2, 3 (2) CD, 3, 6, 4

회색 글씨를 따라 쓰면서 개념을 정리해 보자!

꽉 잡아, 개념!

(1) **삼각형의 내각의 이등분선**

△ABC에서 ∠A의 이등분선과 $\overline{BC}$의 교점을 D라 하면

$$\overline{AB} : \overline{AC} = \overline{BD} : \boxed{CD}$$

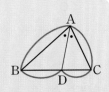

(2) **삼각형의 외각의 이등분선**

△ABC에서 ∠A의 외각의 이등분선과 $\overline{BC}$의 연장선의 교점을 D라 하면

$$\overline{AB} : \overline{AC} = \boxed{BD} : \overline{CD}$$

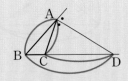

▶ 정답 및 풀이 11쪽

1 오른쪽 그림과 같은 △ABC에서 $\overline{AD}$가 ∠A의 이등분선일 때, $\overline{AB}$의 길이를 구하시오.

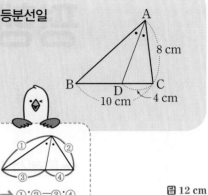

✎ **풀이** $\overline{AB}:\overline{AC}=\overline{BD}:\overline{CD}$이므로
$\overline{AB}:8=(10-4):4$, $4\overline{AB}=48$
∴ $\overline{AB}=12$ cm

→ ①:②=③:④

🔲 12 cm

1-1 오른쪽 그림과 같은 △ABC에서 $\overline{AD}$가 ∠A의 이등분선일 때, $\overline{BC}$의 길이를 구하시오.

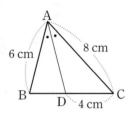

2 오른쪽 그림과 같은 △ABC에서 $\overline{AD}$가 ∠A의 외각의 이등분선일 때, $\overline{AC}$의 길이를 구하시오.

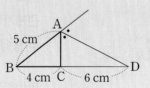

✎ **풀이** $\overline{AB}:\overline{AC}=\overline{BD}:\overline{CD}$이므로
$5:\overline{AC}=(4+6):6$, $10\overline{AC}=30$
∴ $\overline{AC}=3$ cm

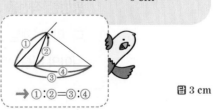

→ ①:②=③:④

🔲 3 cm

2-1 오른쪽 그림과 같은 △ABC에서 $\overline{AD}$가 ∠A의 외각의 이등분선일 때, $\overline{AC}$의 길이를 구하시오.

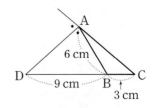

* QR코드를 스캔하여 개념 영상을 확인하세요.

23

평행선 사이의
선분의 길이의 비

●●평행선 사이의 선분의 길이의 비 사이에는 어떤 관계가 있을까?

길이를 직접 재지 않아도 세 개의 평행선이 서로 다른 두 직선과 만나서 생긴 선분의 길이 사이에는 오른쪽과 같은 관계가 성립한다. 이 관계가 성립하는 것은 어떻게 확인할 수 있을까?

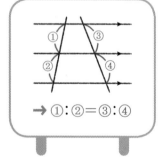

→ ① : ② = ③ : ④

평행한 직선을 그어보면 서로 닮은 두 삼각형이 만들어진다. 이때 '개념 **21**'에서 배운 삼각형에서 평행선과 선분의 길이의 비를 이용하면 위의 관계를 다음과 같이 확인할 수 있다.

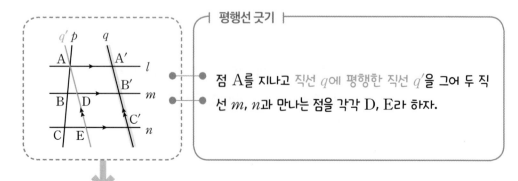

┤ 평행선 긋기 ├

점 A를 지나고 직선 q에 평행한 직선 q'을 그어 두 직선 m, n과 만나는 점을 각각 D, E라 하자.

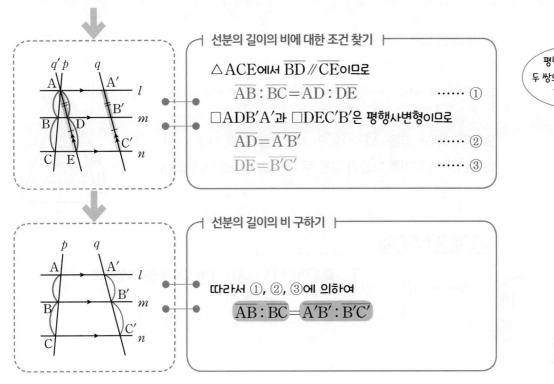

선분의 길이의 비에 대한 조건 찾기

$\triangle ACE$에서 $\overline{BD} /\!/ \overline{CE}$이므로

$$\overline{AB} : \overline{BC} = \overline{AD} : \overline{DE} \qquad \cdots\cdots ①$$

$\square ADB'A'$과 $\square DEC'B'$은 평행사변형이므로

$$\overline{AD} = \overline{A'B'} \qquad \cdots\cdots ②$$

$$\overline{DE} = \overline{B'C'} \qquad \cdots\cdots ③$$

평행사변형에서 두 쌍의 대변의 길이는 각각 같아.

선분의 길이의 비 구하기

따라서 ①, ②, ③에 의하여

$$\overline{AB} : \overline{BC} = \overline{A'B'} : \overline{B'C'}$$

이상을 정리하면 세 개 이상의 평행선이 다른 두 직선과 만날 때, 평행선 사이에 생기는 선분의 길이의 비는 같음을 알 수 있다.

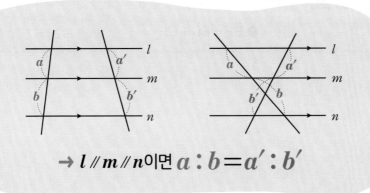

→ $l /\!/ m /\!/ n$이면 $a : b = a' : b'$

▶ $a : b = a' : b'$이라 해서 세 직선 l, m, n이 항상 평행하는 것은 아니다.

오른쪽 그림에서 $l /\!/ m /\!/ n$일 때, x의 값을 구해 보자.

$$4 : \boxed{} = x : \boxed{} \text{이므로 } x = \boxed{}$$

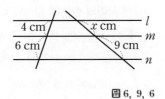

답 6, 9, 6

사다리꼴은 마주 보는 한 쌍의 변이 평행한 사각형이다. 이때 사다리꼴의 평행한 두 변과 평행한 직선을 그으면 3개의 평행선이 만들어지고, 평행선 사이에 생긴 선분의 길이의 비는 같게 된다. 이를 이용하여 사다리꼴에서 평행선 사이에 생긴 선분의 길이를 구해 볼까?

오른쪽 그림과 같은 $\overline{AD} /\!/ \overline{BC}$인 사다리꼴 ABCD에서 $\overline{EF} /\!/ \overline{BC}$일 때, $\overline{EF}$의 길이를 다음과 같은 두 가지 방법으로 구해 보자.

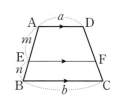

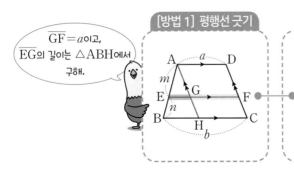

[방법 1] 평행선 긋기

$\overline{GF}=a$이고, $\overline{EG}$의 길이는 △ABH에서 구해.

❶ □AGFD, □AHCD는 모두 평행사변형이므로
$$\overline{GF}=\overline{HC}=\overline{AD}=a$$

❷ △ABH에서 $\overline{EG}:\overline{BH}=\overline{AE}:\overline{AB}$
$$\overline{EG}:(b-a)=m:(m+n)$$

❸ $\overline{EF}=\overline{EG}+\overline{GF}$

[방법 2] 대각선 긋기

$\overline{EG}$의 길이는 △ABC에서, $\overline{GF}$의 길이는 △CDA에서 구해.

❶ △ABC에서 $\overline{EG}:\overline{BC}=\overline{AE}:\overline{AB}$
$$\overline{EG}:b=m:(m+n)$$

❷ △CDA에서 $\overline{GF}:\overline{AD}=\overline{CF}:\overline{CD}$
$$\overline{GF}:a=n:(m+n)$$

❸ $\overline{EF}=\overline{EG}+\overline{GF}$

회색 글씨를 따라 쓰면서 개념을 정리해 보자!

꽉 잡아, 개념!

평행선 사이의 선분의 길이의 비

세 개 이상의 평행선이 다른 두 직선과 만날 때, 평행선 사이에 생기는 선분의 길이의 비는 같다.

➡ $l /\!/ m /\!/ n$이면 $a:b=a':\boxed{b'}$

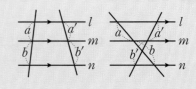

1 다음 그림에서 $l /\!/ m /\!/ n$일 때, x의 값을 구하시오.

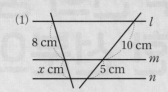

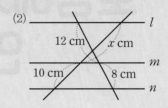

✏️ **풀이** (1) $8 : x = 10 : 5$이므로 $10x = 40$ ∴ $x = 4$

(2) $12 : 8 = x : 10$이므로 $8x = 120$ ∴ $x = 15$ 📖 (1) **4** (2) **15**

1-1 오른쪽 그림에서 $l /\!/ m /\!/ n$일 때, x의 값을 구하시오.

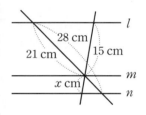

2 오른쪽 그림과 같은 사다리꼴 ABCD에서 $\overline{AD} /\!/ \overline{EF} /\!/ \overline{BC}$일 때, 다음을 구하시오.

(1) $\overline{EG}$의 길이 (2) $\overline{GF}$의 길이

(3) $\overline{EF}$의 길이

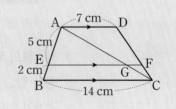

✏️ **풀이** (1) △ABC에서 $5 : (5+2) = \overline{EG} : 14$, $7\overline{EG} = 70$ ∴ $\overline{EG} = 10$ cm

(2) △CDA에서 $2 : (2+5) = \overline{GF} : 7$, $7\overline{GF} = 14$ ∴ $\overline{GF} = 2$ cm

(3) $\overline{EF} = \overline{EG} + \overline{GF} = 10 + 2 = 12$(cm) 📖 (1) **10 cm** (2) **2 cm** (3) **12 cm**

2-1 오른쪽 그림과 같은 사다리꼴 ABCD에서 $\overline{AD} /\!/ \overline{EF} /\!/ \overline{BC}$, $\overline{AH} /\!/ \overline{DC}$일 때, $\overline{EF}$의 길이를 구하시오.

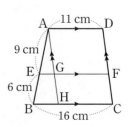

*QR코드를 스캔하여 개념 영상을 확인하세요.

24 도형에서 두 변의 중점을 연결한 선분의 성질

●● 삼각형의 두 변의 중점을 연결한 선분과 나머지 한 변 사이에는 어떤 관계가 있을까?

삼각형의 두 변의 중점을 연결하면 그 선분은 어떤 특징이 있고, 그 선분은 삼각형의 나머지 한 변과 어떤 관계가 있을까?

삼각형에서 평행선과 선분의 길이의 비를 이용하면 오른쪽과 그림과 같은 관계가 성립함을 알 수 있다.

그렇다면 위의 관계가 왜 성립하는지 다음을 통해 확인해 보자.

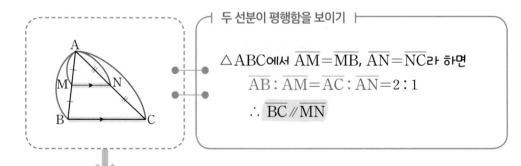

두 선분이 평행함을 보이기

$\triangle ABC$에서 $\overline{AM}=\overline{MB}$, $\overline{AN}=\overline{NC}$라 하면

$\overline{AB}:\overline{AM}=\overline{AC}:\overline{AN}=2:1$

$\therefore \overline{BC}\,/\!/\,\overline{MN}$

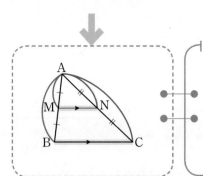

$\overline{AB} : \overline{AM} = \overline{AC} : \overline{AN} = 2 : 1$이므로

$\overline{BC} : \overline{MN} = \overline{AB} : \overline{AM} = 2 : 1$

따라서 $\overline{BC} = 2\overline{MN}$이므로 $\overline{MN} = \dfrac{1}{2}\overline{BC}$

이상을 정리하면 삼각형의 두 변의 중점을 연결한 선분은 나머지 한 변과 평행하고, 그 길이는 나머지 한 변의 길이의 $\dfrac{1}{2}$과 같음을 알 수 있다.

오른쪽 그림과 같은 △ABC에서 $\overline{AB}$, $\overline{AC}$의 중점을 각각 M, N이라 할 때, $\overline{MN}$의 길이를 구해 보자.

$\overline{MN} = \boxed{}\,\overline{BC}$이므로 $\overline{MN} = \boxed{} \times 6 = \boxed{}\,(\text{cm})$

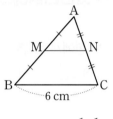

답 $\dfrac{1}{2}$, $\dfrac{1}{2}$, 3

●● 삼각형의 한 변의 중점을 이용하여 다른 변의 중점을 찾아볼까?

삼각형의 한 변의 중점을 이용하여 다른 변의 중점을 찾을 수 있는데 삼각형에서 평행선 과 선분의 길이의 비를 이용하여 그 중점을 찾아보자.

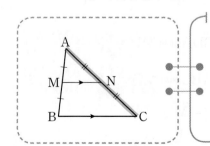

△ABC에서 $\overline{AM} = \overline{MB}$, $\overline{BC} /\!/ \overline{MN}$이라 하면

$\overline{AN} : \overline{NC} = \overline{AM} : \overline{MB} = 1 : 1$

$\therefore \overline{AN} = \overline{NC}$

따라서 점 N은 변 $\overline{AC}$의 중점이 된다.

$\overline{AM} = \overline{MB}$, $\overline{AN} = \overline{NC}$가 되므로 $\overline{MN} = \dfrac{1}{2}\overline{BC}$가 돼!

이상을 정리하면 삼각형의 한 변의 중점을 지나고 다른 한 변과 평행한 직선은 나머지 한 변의 중점을 지난다는 것을 알 수 있다.

오른쪽 그림과 같은 △ABC에서 점 M은 $\overline{AB}$의 중점이고 $\overline{MN}\,/\!/\,\overline{BC}$일 때, $\overline{NC}$의 길이를 구해 보자.

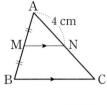

$$\overline{AN}=\boxed{}\text{이므로 }\overline{NC}=\boxed{}\text{ cm}$$

답 NC, 4

·· 사다리꼴에서 두 변의 중점을 연결한 선분의 길이를 구해 볼까?

삼각형에서 두 변의 중점을 연결한 선분의 성질을 확장하여 사다리꼴에서 두 변의 중점을 연결한 선분의 길이를 구하는 방법을 알아보자.

오른쪽 그림과 같은 $\overline{AD}\,/\!/\,\overline{BC}$인 사다리꼴 ABCD에서 $\overline{AB}$, $\overline{DC}$의 중점을 각각 M, N이라 하면 $\overline{AD}\,/\!/\,\overline{MN}\,/\!/\,\overline{BC}$이므로 다음과 같이 $\overline{MN}$, $\overline{PQ}$의 길이를 구할 수 있다.

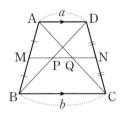

다음에서 $\overline{AD}\,/\!/\,\overline{MN}\,/\!/\,\overline{BC}$ 임을 알 수 있어.

▶ $\overline{AD}\,/\!/\,\overline{BC}$인 사다리꼴 ABCD에서

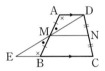

△AMD≡△BME (ASA 합동) 이므로 $\overline{DM}=\overline{EM}$ 즉, △DEC에서 $\overline{DM}=\overline{EM}$, $\overline{DN}=\overline{NC}$ 이므로 $\overline{MN}\,/\!/\,\overline{EC}$ ∴ $\overline{AD}\,/\!/\,\overline{MN}\,/\!/\,\overline{BC}$

| MN의 길이 구하기 | PQ의 길이 구하기 |

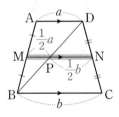

△BDA에서 $\overline{MP}=\dfrac{1}{2}a$ ← $\overline{AM}=\overline{MB}$, $\overline{MP}\,/\!/\,\overline{AD}$

△DBC에서 $\overline{PN}=\dfrac{1}{2}b$ ← $\overline{DN}=\overline{NC}$, $\overline{PN}\,/\!/\,\overline{BC}$

$\overline{MN}=\overline{MP}+\overline{PN}$
$=\dfrac{1}{2}a+\dfrac{1}{2}b$
$=\dfrac{1}{2}(a+b)$

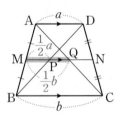

△BDA에서 $\overline{MP}=\dfrac{1}{2}a$ ← $\overline{AM}=\overline{MB}$, $\overline{MP}\,/\!/\,\overline{AD}$

△ABC에서 $\overline{MQ}=\dfrac{1}{2}b$ ← $\overline{AM}=\overline{MB}$, $\overline{MQ}\,/\!/\,\overline{BC}$

$\overline{PQ}=\overline{MQ}-\overline{MP}$
$=\dfrac{1}{2}b-\dfrac{1}{2}a$
$=\dfrac{1}{2}(b-a)$ (단, $b>a$)

오른쪽 그림과 같이 $\overline{AD} \parallel \overline{BC}$인 사다리꼴 ABCD에서 $\overline{AB}$, $\overline{DC}$의 중점을 각각 M, N이라 할 때, 다음 선분의 길 이를 구해 보자.

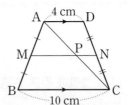

(1) $\overline{MP} = \boxed{} \overline{BC} = \boxed{} \times 10 = \boxed{}$ (cm)

(2) $\overline{PN} = \boxed{} \overline{AD} = \boxed{} \times 4 = \boxed{}$ (cm)

(3) $\overline{MN} = \overline{MP} + \overline{PN} = \boxed{} + \boxed{} = \boxed{}$ (cm)

답 (1) $\dfrac{1}{2}$, $\dfrac{1}{2}$, 5 (2) $\dfrac{1}{2}$, $\dfrac{1}{2}$, 2 (3) 5, 2, 7

회색 글씨를 따라 쓰면서 개념을 정리해 보자!

꽉 잡아, 개념!

(1) 삼각형의 두 변의 중점을 연결한 선분의 성질

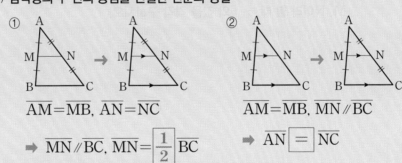

(2) 사다리꼴에서 두 변의 중점을 연결한 선분의 성질

$\overline{AD} \parallel \overline{BC}$인 사다리꼴 ABCD에서 $\overline{AB}$, $\overline{DC}$의 중점을 각각 M, N이라 하면

① $\overline{AD} \parallel \overline{MN} \parallel \overline{BC}$

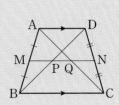

② $\overline{MN} = \overline{MP} + \overline{PN} = \boxed{\dfrac{1}{2}}(\overline{AD} + \overline{BC})$

③ $\overline{PQ} = \overline{MQ} - \overline{MP} = \boxed{\dfrac{1}{2}}(\overline{BC} - \overline{AD})$ (단, $\overline{BC} > \overline{AD}$)

1 다음 그림과 같은 △ABC에서 $\overline{AB}$, $\overline{AC}$의 중점을 각각 M, N이라 할 때, x의 값을 구하시오.

(1)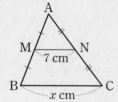

(2)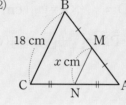

> △ABC에서 어느 두 변의 중점을 연결했는지 살펴봐.

✏️ **풀이** $\overline{AM}=\overline{MB}$, $\overline{AN}=\overline{NC}$이므로

(1) $\overline{BC}=2\overline{MN}=2\times7=14(cm)$ ∴ $x=14$

(2) $\overline{MN}=\dfrac{1}{2}\overline{BC}=\dfrac{1}{2}\times18=9(cm)$ ∴ $x=9$

답 (1) 14 (2) 9

1-1 오른쪽 그림과 같은 △ABC에서 $\overline{AB}$, $\overline{AC}$의 중점을 각각 M, N이라 할 때, x, y의 값을 각각 구하시오.

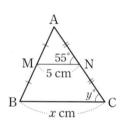

1-2 오른쪽 그림과 같은 △ABC에서 $\overline{AB}$, $\overline{BC}$, $\overline{CA}$의 중점을 각각 P, Q, R라 할 때, △PQR의 둘레의 길이를 구하시오.

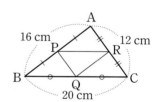

▶ 정답 및 풀이 12쪽

2 오른쪽 그림과 같은 △ABC에서 점 M은 $\overline{AB}$의 중점이고 $\overline{MN} /\!/ \overline{BC}$일 때, x, y의 값을 각각 구하시오.

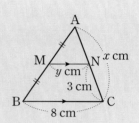

✏️ 풀이 $\overline{AM}=\overline{MB}$, $\overline{MN} /\!/ \overline{BC}$이므로 $\overline{AN}=\overline{NC}$, 즉 $\overline{AC}=2\overline{NC}=2\times3=6(\text{cm})$ ∴ $x=6$

$\overline{AM}=\overline{MB}$, $\overline{AN}=\overline{NC}$이므로 $\overline{MN}=\dfrac{1}{2}\overline{BC}=\dfrac{1}{2}\times8=4(\text{cm})$ ∴ $y=4$ 탑 $x=6$, $y=4$

2-1 오른쪽 그림과 같은 △ABC에서 점 M은 $\overline{AB}$의 중점이고 $\overline{MN} /\!/ \overline{BC}$일 때, x, y의 값을 각각 구하시오.

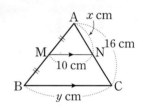

3 오른쪽 그림과 같이 $\overline{AD} /\!/ \overline{BC}$인 사다리꼴 ABCD에서 $\overline{AB}$, $\overline{DC}$의 중점을 각각 M, N이라 할 때, $\overline{MN}$의 길이를 구하시오.

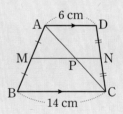

✏️ 풀이   △ABC에서 $\overline{MP}=\dfrac{1}{2}\overline{BC}=\dfrac{1}{2}\times14=7(\text{cm})$

△CDA에서 $\overline{PN}=\dfrac{1}{2}\overline{AD}=\dfrac{1}{2}\times6=3(\text{cm})$

∴ $\overline{MN}=\overline{MP}+\overline{PN}=7+3=10(\text{cm})$ 탑 10 cm

$\overline{AC}$로 나누어진 두 삼각형을 살펴봐.

3-1 오른쪽 그림과 같이 $\overline{AD} /\!/ \overline{BC}$인 사다리꼴 ABCD에서 $\overline{AB}$, $\overline{DC}$의 중점을 각각 M, N이라 할 때, 다음 선분의 길이를 구하시오.

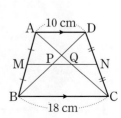

(1) $\overline{MQ}$ (2) $\overline{MP}$ (3) $\overline{PQ}$

8
삼각형의 무게중심

▶ 정답 및 풀이 12쪽

● 오른쪽 그림에서 $\overline{BC}\,/\!/\,\overline{DE}$일 때, 다음 문제를 풀고 그 결과에 해당하는 힌트를 찾아 공통적으로 연상되는 동물을 찾아보자.

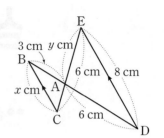

(1) △ABC와 △ADE의 닮음 조건

(2) x의 값

(3) y의 값

(1)	SAS 닮음	동물원에 가면 나를 볼 수 있어요.
	AA 닮음	수족관에 가면 나를 볼 수 있어요.

(2)	4	나는 육지에서 살 수 있어요.
	5	나는 육지에서 살 수 없어요.

(3)	4	나는 털이 있어요.
	3	나는 털이 없어요.

고래	펭귄	사자	거북

정답

25 삼각형의 무게중심

* QR코드를 스캔하여 개념 영상을 확인하세요.

●● 삼각형의 무게중심은 어디인지 알아볼까?

삼각형의 어느 지점에 연필을 꽂아야 평형을 유지할 수 있는지 알아보자.

종이로 만든 △ABC에서 $\overline{BC}$의 중점 D를 잡고, $\overline{AD}$를 접는 선으로 하여 접었다가 펼친다.

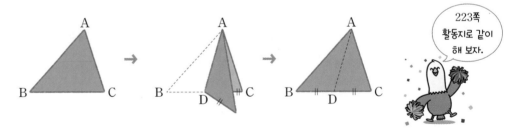

223쪽 활동지로 같이 해 보자.

▶ 삼각형의 한 중선은 그 삼각형의 넓이를 이등분한다.

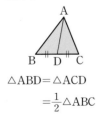

$$\triangle ABD = \triangle ACD = \frac{1}{2}\triangle ABC$$

같은 방법으로 두 변 AB, AC의 중점과 마주 보는 꼭짓점을 잇는 선분을 접는 선으로 하여 각각 접었다 펼치면 세 선분은 한 점에서 만나게 되고, 이 점을 연필 끝에 올리면 삼각형은 평형을 유지한다.

오른쪽 그림과 같이 삼각형에서 한 꼭짓점과 그 대변의 중점을 이은 선분을 중선이라 한다. 한 삼각형에는 3개의 중선이 있다.

중선

삼각형의 세 중선은 한 점에서 만난다. 이때 2개의 중선만 그어도 그 교점을 찾을 수 있고, 그 점은 세 중선의 길이를 각 꼭짓점으로부터 2 : 1로 나눈다.

이를 확인해 보자.

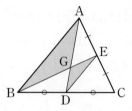

삼각형 ABC에서 두 중선 AD, BE의 교점을 G라 하자.

두 점 D, E는 각각 $\overline{BC}$, $\overline{AC}$의 중점이므로

$$\overline{DE} /\!\!/ \overline{AB},\ \overline{DE} = \frac{1}{2}\overline{AB}$$

따라서 △GAB ∽ △GDE이고,
두 삼각형의 닮음비는 2 : 1이므로

$$\overline{BG} : \overline{GE} = \overline{AG} : \overline{GD} = 2 : 1$$

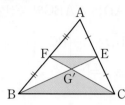

삼각형 ABC에서 두 중선 BE, CF의 교점을 G′이라 하자.

두 점 E, F는 각각 $\overline{AC}$, $\overline{AB}$의 중점이므로

$$\overline{EF} /\!\!/ \overline{BC},\ \overline{EF} = \frac{1}{2}\overline{BC}$$

따라서 △G′BC ∽ △G′EF이고,
두 삼각형의 닮음비는 2 : 1이므로

$$\overline{BG′} : \overline{G′E} = \overline{CG′} : \overline{G′F} = 2 : 1$$

두 점 G와 G′은 같은 선분 BE를 2 : 1로 나누는 점이므로 **일치한다**.

이때 삼각형의 세 중선의 교점을 그 삼각형의 **무게중심**이라 한다.

이상을 정리하면 다음과 같다.

❶ **삼각형의 세 중선은 한 점(무게중심)에서 만난다.**

❷ **삼각형의 무게중심은 세 중선의 길이를 각 꼭짓점으로부터 각각 2 : 1로 나눈다.**

$$\overline{AG} : \overline{GD} = \overline{BG} : \overline{GE} = \overline{CG} : \overline{GF} = 2 : 1$$

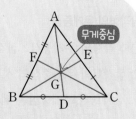

▶ (1) 정삼각형은 외심, 내심, 무게중심이 모두 일치한다.
(2) 이등변삼각형은 외심, 내심, 무게중심이 모두 꼭지각의 이등분선 위에 있다.

다음 그림에서 점 G가 △ABC의 무게중심일 때, x의 값을 구해 보자.

(1)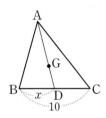

(2)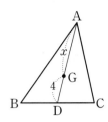

$\overline{AD}$는 △ABC의 중선이므로

$\overline{BD}=\boxed{}\ \overline{BC}=\boxed{}\times 10=\boxed{}$

$\therefore\ x=\boxed{}$

$\overline{AG}:\overline{GD}=\boxed{}:1$이므로

$\overline{AG}=\boxed{}\overline{GD}=\boxed{}\times 4=\boxed{}$

$\therefore\ x=\boxed{}$

답 (1) $\frac{1}{2},\ \frac{1}{2},\ 5,\ 5$ (2) $2,\ 2,\ 2,\ 8,\ 8$

회색 글씨를 따라 쓰면서 개념을 정리해 보자!

꽉 잡아, 개념!

(1) 삼각형의 중선

삼각형에서 한 꼭짓점과 그 대변의 중점을 이은 선분

➕참고 삼각형의 한 중선은 그 삼각형의 넓이를 이등분한다.

$$\triangle ABD = \triangle ACD = \frac{1}{2}\triangle ABC$$

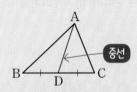

중선

(2) 삼각형의 무게중심

① 삼각형의 무게중심: 삼각형의 세 중선의 교점

② 삼각형의 무게중심의 성질

삼각형의 무게중심은 세 중선의 길이를 각 꼭짓점으로부터

각각 2 : 1 로 나눈다.

➡ 점 G가 △ABC의 무게중심일 때,

$\overline{AG}:\overline{GD}=\overline{BG}:\overline{GE}=\overline{CG}:\overline{GF}=$ 2 : 1

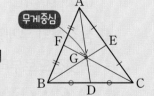

무게중심

▶ 정답 및 풀이 12쪽

1 오른쪽 그림에서 점 G가 △ABC의 무게중심일 때, x, y의 값을 각각 구하시오.

삼각형의 세 중선의 교점이 무게중심이야.

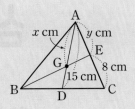

✏️ **풀이** $\overline{AG}=\dfrac{2}{3}\overline{AD}=\dfrac{2}{3}\times15=10(cm)$ $\therefore x=10$

점 E는 $\overline{AC}$의 중점이므로 $\overline{AE}=\overline{CE}=8\,cm$ $\therefore y=8$

🔲 $x=10$, $y=8$

1-1 오른쪽 그림에서 점 G가 △ABC의 무게중심일 때, x, y의 값을 각각 구하시오.

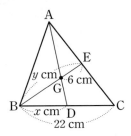

2 오른쪽 그림에서 점 G는 △ABC의 무게중심이고, 점 G′은 △GBC의 무게중심일 때, 다음을 구하시오.

(1) $\overline{GD}$의 길이   (2) $\overline{GG'}$의 길이

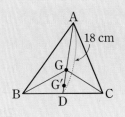

✏️ **풀이** (1) 점 G가 △ABC의 무게중심이므로 $\overline{GD}=\dfrac{1}{3}\overline{AD}=\dfrac{1}{3}\times18=6(cm)$

(2) 점 G′이 △GBC의 무게중심이므로 $\overline{GG'}=\dfrac{2}{3}\overline{GD}=\dfrac{2}{3}\times6=4(cm)$

🔲 (1) 6 cm   (2) 4 cm

2-1 오른쪽 그림에서 점 G는 △ABC의 무게중심이고, 점 G′은 △GBC의 무게중심일 때, $\overline{AD}$의 길이를 구하시오.

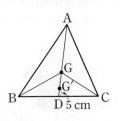

26 삼각형의 무게중심과 넓이

●● 세 중선으로 나누어진 삼각형의 넓이 사이에는 어떤 관계가 있을까?

다음 그림과 같이 삼각형의 한 중선은 그 삼각형의 넓이를 이등분한다.

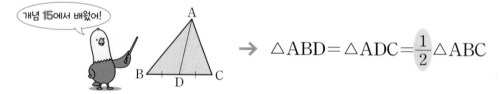

$$\triangle ABD = \triangle ADC = \frac{1}{2}\triangle ABC$$

$\triangle ABC$에서 점 G가 무게중심일 때, 위의 사실을 이용하여 세 중선에 의해 나누어진 삼각형들의 넓이 사이에는 어떤 관계가 있을지 알아보자.

점 G는
$\triangle ABC$의 무게중심이니까
$\overline{AG}:\overline{GD}=2:1$

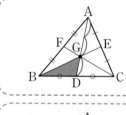

$$\triangle GBD = \frac{1}{3}\triangle ABD = \frac{1}{3}\times\frac{1}{2}\triangle ABC$$
$$= \frac{1}{6}\triangle ABC$$

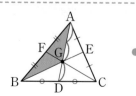

$$\triangle GAB = \frac{2}{3}\triangle ABD = \frac{2}{3}\times\frac{1}{2}\triangle ABC$$
$$= \frac{1}{3}\triangle ABC$$

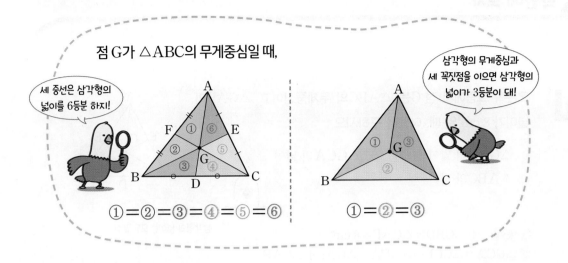

점 G가 △ABC의 무게중심일 때,

세 중선은 삼각형의 넓이를 6등분 하지!

삼각형의 무게중심과 세 꼭짓점을 이으면 삼각형의 넓이가 3등분이 돼!

①=②=③=④=⑤=⑥

①=②=③

✔ 다음 그림에서 점 G가 △ABC의 무게중심이고, △ABC의 넓이가 30 cm²일 때, 색칠한 부분의 넓이를 구해 보자.

(1)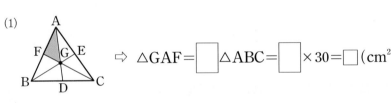

⇨ △GAF = ☐ △ABC = ☐ × 30 = ☐ (cm²)

(2)

⇨ △GAB = ☐ △ABC = ☐ × 30 = ☐ (cm²)

답 (1) $\dfrac{1}{6}$, $\dfrac{1}{6}$, 5 (2) $\dfrac{1}{3}$, $\dfrac{1}{3}$, 10

회색 글씨를 따라 쓰면서 개념을 정리해 보자!

꽉 잡아, 개념!

점 G가 △ABC의 무게중심일 때,

(1) 삼각형의 세 중선에 의하여 나누어지는 6개의 삼각형의 넓이는 모두 같다.

➡ △GAF = △GFB = △GBD = △GDC

$= △GCE = △GEA = \boxed{\dfrac{1}{6}} △ABC$

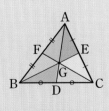

(2) 삼각형의 무게중심과 세 꼭짓점을 이어서 생기는 3개의 삼각형의 넓이는 모두 같다.

➡ $△GAB = △GBC = △GCA = \boxed{\dfrac{1}{3}} △ABC$

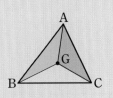

▶ 정답 및 풀이 12쪽

 오른쪽 그림에서 점 G는 △ABC의 무게중심이고, △GAF의
넓이가 8 cm^2일 때, 다음을 구하시오.

(1) △GBD의 넓이   (2) △GCA의 넓이

(3) △ABC의 넓이

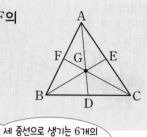

세 중선으로 생기는 6개의
삼각형의 넓이는 모두 같아.

✎ 풀이   (1) △GBD＝△GAF＝8 cm^2

(2) △GCA＝△GCE＋△GEA＝△GAF＋△GAF

＝2△GAF＝$2 \times 8 = 16(\text{cm}^2)$

(3) △ABC＝6△GAF＝$6 \times 8 = 48(\text{cm}^2)$

📖 (1) 8 cm^2 (2) 16 cm^2 (3) 48 cm^2

①-1   오른쪽 그림에서 점 G는 △ABC의 무게중심이고,
□GFBD의 넓이가 14 cm^2일 때, △ABC의 넓이를 구하시오.

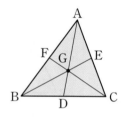

①-2   오른쪽 그림과 같은 평행사변형 ABCD에서 두 대각선의
교점을 O, $\overline{BC}$ 중점을 M, $\overline{BO}$와 $\overline{AM}$의 교점을 P라 하자.
□ABCD의 넓이가 36 cm^2일 때, 다음을 구하시오.

(1) △ABC의 넓이

(2) △ABM의 넓이

(3) △ABP의 넓이

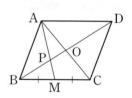

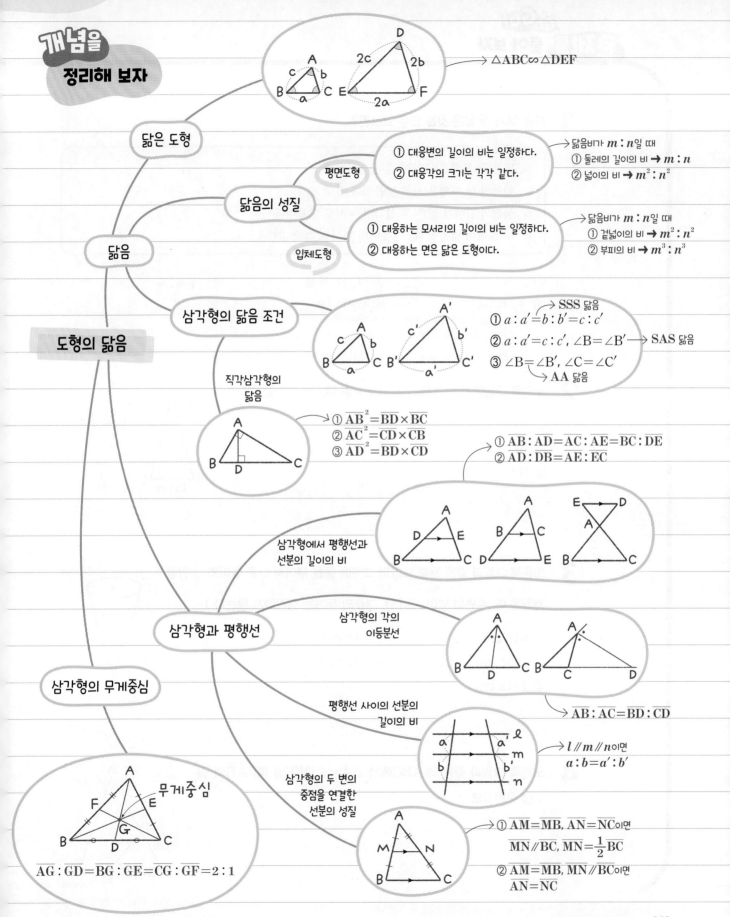

닮은 도형

△ABC∽△DEF

평면도형

① 대응변의 길이의 비는 일정하다.
② 대응각의 크기는 각각 같다.

닮음비가 $m:n$일 때
① 둘레의 길이의 비 ➡ $m:n$
② 넓이의 비 ➡ $m^2:n^2$

닮음의 성질

① 대응하는 모서리의 길이의 비는 일정하다.
② 대응하는 면은 닮은 도형이다.

입체도형

닮음비가 $m:n$일 때
① 겉넓이의 비 ➡ $m^2:n^2$
② 부피의 비 ➡ $m^3:n^3$

닮음

삼각형의 닮음 조건

SSS 닮음
① $a:a'=b:b'=c:c'$
② $a:a'=c:c'$, $\angle B=\angle B'$ ➡ SAS 닮음
③ $\angle B=\angle B'$, $\angle C=\angle C'$
AA 닮음

도형의 닮음

직각삼각형의
닮음

① $\overline{AB}^2=\overline{BD}\times\overline{BC}$
② $\overline{AC}^2=\overline{CD}\times\overline{CB}$
③ $\overline{AD}^2=\overline{BD}\times\overline{CD}$

① $\overline{AB}:\overline{AD}=\overline{AC}:\overline{AE}=\overline{BC}:\overline{DE}$
② $\overline{AD}:\overline{DB}=\overline{AE}:\overline{EC}$

삼각형에서 평행선과
선분의 길이의 비

삼각형과 평행선

삼각형의 각의
이등분선

삼각형의 무게중심

평행선 사이의 선분의
길이의 비

$\overline{AB}:\overline{AC}=\overline{BD}:\overline{CD}$

$l /\!/ m /\!/ n$이면
$a:b=a':b'$

삼각형의 두 변의
중점을 연결한
선분의 성질

무게중심

$\overline{AG}:\overline{GD}=\overline{BG}:\overline{GE}=\overline{CG}:\overline{GF}=2:1$

① $\overline{AM}=\overline{MB}$, $\overline{AN}=\overline{NC}$이면
$\overline{MN}/\!/\overline{BC}$, $\overline{MN}=\frac{1}{2}\overline{BC}$
② $\overline{AM}=\overline{MB}$, $\overline{MN}/\!/\overline{BC}$이면
$\overline{AN}=\overline{NC}$

1 다음 보기 중 옳은 것을 모두 고르면?

┤ 보기 ├

ㄱ. 닮은 두 도형은 모양이 같다.

ㄴ. 합동인 두 도형은 서로 닮음이다.

ㄷ. 둘레의 길이가 같은 두 삼각형은 서로 닮음이다.

ㄹ. 두 도형이 닮음일 때, 대응변의 길이는 각각 같다.

① ㄱ, ㄴ   ② ㄱ, ㄷ   ③ ㄱ, ㄴ, ㄷ

④ ㄱ, ㄷ, ㄹ   ⑤ ㄴ, ㄷ, ㄹ

2 오른쪽 그림에서 $\triangle ABC \backsim \triangle DEF$일 때, $a+b$의 값은?

① 86   ② 92

③ 96   ④ 102

⑤ 106

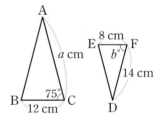

3 오른쪽 그림과 같은 원뿔 모양의 그릇에 물을 부어서 그릇 높이의 $\frac{3}{5}$만큼 채웠을 때, 수면의 넓이는? (단, 그릇의 두께는 생각하지 않는다.)

① $64\pi \ cm^2$ ② $81\pi \ cm^2$

③ $100\pi \ cm^2$ ④ $121\pi \ cm^2$

⑤ $144\pi \ cm^2$

4 오른쪽 그림과 같은 $\triangle ABC$에서 $\angle A = \angle DEB$일 때, $\overline{AD}$의 길이를 구하시오.

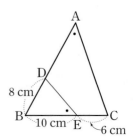

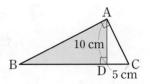
5 오른쪽 그림과 같이 ∠A=90°인 **직각삼각형** ABC에서 $\overline{AD}\perp\overline{BC}$이고 $\overline{AD}$=10 cm, $\overline{CD}$=5 cm일 때, △ABD의 넓이를 구하시오.

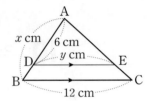

6 오른쪽 그림에서 $\overline{BC}/\!/\overline{DE}$이고 $\overline{AE}$=3$\overline{EC}$일 때, $x+y$의 값을 구하시오.

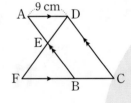

7 오른쪽 그림에서 $\overline{AD}/\!/\overline{FC}$, $\overline{AB}/\!/\overline{DC}$이고 $3\overline{EB}$=4$\overline{AE}$일 때, $\overline{FC}$의 길이는?

① 13 cm ② 15 cm
③ 17 cm ④ 19 cm
⑤ 21 cm

8 오른쪽 그림과 같은 △ABC에서 $\overline{AD}$는 ∠A의 이등분선이고, $\overline{AB}:\overline{AC}$=2:3이다. △ABD의 넓이가 30 cm²일 때, △ACD의 넓이는?

① 39 cm² ② 41 cm²
③ 43 cm² ④ 45 cm²
⑤ 47 cm²

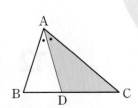

9 오른쪽 그림과 같은 △ABC에서 $\overline{AD}$가 ∠A의 외각의 이등분선일 때, $\overline{CD}$의 길이는?

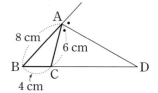

① 6 cm   ② 8 cm

③ 10 cm   ④ 12 cm

⑤ 14 cm

10 오른쪽 그림에서 $l /\!/ m /\!/ n$일 때, $x+y$의 값은?

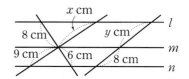

① $\dfrac{68}{3}$ ② $\dfrac{71}{3}$

③ $\dfrac{74}{3}$ ④ $\dfrac{77}{3}$

⑤ $\dfrac{80}{3}$

11 오른쪽 그림과 같은 사다리꼴 ABCD에서 $\overline{AD} /\!/ \overline{EF} /\!/ \overline{BC}$이고 점 G는 $\overline{AC}$와 $\overline{EF}$의 교점일 때, $x+y$의 값을 구하시오.

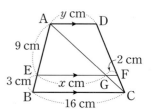

12 오른쪽 그림의 △ABC와 △DBC에서 네 점 M, N, P, Q는 각각 $\overline{AB}$, $\overline{AC}$, $\overline{DB}$, $\overline{DC}$의 중점이다. $\overline{MN}=7$ cm일 때, $\overline{PQ}$의 길이를 구하시오.

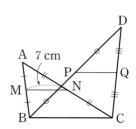

13 오른쪽 그림과 같이 $\overline{AD} /\!/ \overline{BC}$인 사다리꼴 ABCD에서 두 점 M, N은 각각 $\overline{AB}$, $\overline{DC}$의 중점이고 두 점 P, Q는 각각 $\overline{MN}$과 $\overline{BD}$, $\overline{CA}$의 교점이다. $\overline{AD}=5$ cm, $\overline{BC}=10$ cm일 때, $\overline{PQ}$의 길이는?

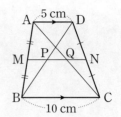

① $\dfrac{3}{2}$ cm   ② $\dfrac{7}{4}$ cm

③ 2 cm   ④ $\dfrac{9}{4}$ cm

⑤ $\dfrac{5}{2}$ cm

14 오른쪽 그림에서 점 G는 △ABC의 무게중심일 때, $x+y$의 값을 구하시오.

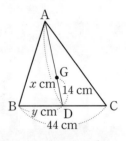

15 오른쪽 그림에서 점 G는 △ABC의 무게중심이고, 점 G′은 △GBC의 무게중심이다. $\overline{G'D}=1$ cm일 때, $\overline{AG}$의 길이는?

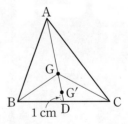

① 6 cm   ② 8 cm

③ 10 cm   ④ 12 cm

⑤ 14 cm

16 오른쪽 그림에서 점 G는 △ABC의 무게중심이다. △ABC의 넓이가 39 cm²일 때, 색칠한 부분의 넓이를 구하시오.

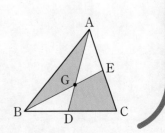

IV

피타고라스 정리

9
피타고라스 정리

#피타고라스 정리

#직각삼각형

$\#a^2+b^2=c^2$

#직각삼각형이 되는 조건

해 보자

▶ 정답 및 풀이 14쪽

● '베토벤 교향곡 5번'은 베토벤(1770~1827)이 1804년에 착
상하여 1808년에 완성한 교향곡으로, 클래식 음악에서 가
장 유명한 곡 중 하나이다. 동양권에서는 보통 이 부제로 알
려져 있다.

다음에서 ☐ 안에 알맞은 수를 출발점으로 하고 사다리 타
기를 하여 '베토벤 교향곡 5번'의 부제를 알아보자.

(1) $121 = \boxed{}^2$ (2) $169 = \boxed{}^2$

(3) $100 = \boxed{}^2$ (4) $196 = \boxed{}^2$

(5) $144 = \boxed{}^2$

베토벤
(1770~1827)

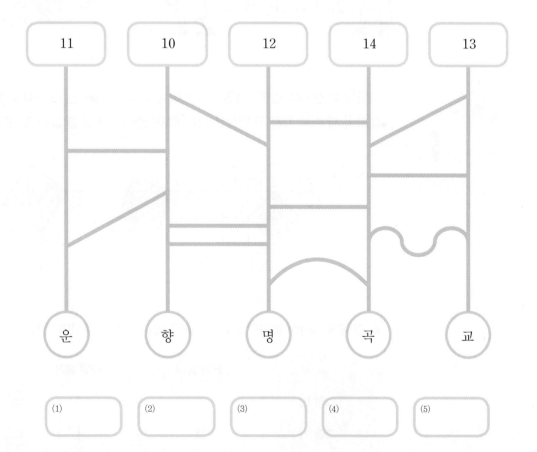

| 11 | 10 | 12 | 14 | 13 |

| 운 | 향 | 명 | 곡 | 교 |

| (1) | (2) | (3) | (4) | (5) |

27

피타고라스 정리

* QR코드를 스캔하여 개념 영상을 확인하세요.

●● 피타고라스 정리란 무엇일까?

다음은 한 눈금의 길이가 1인 모눈종이 위에 ∠C＝90°인 세 종류의 직각삼각형 ABC에 대하여 세 변을 각각 한 변으로 하는 정사각형 P, Q, R를 그린 것이다.

[그림 1]   [그림 2]   [그림 3]

각 그림에 대하여 정사각형 P, Q, R의 넓이를 각각 구하면 다음과 같다.

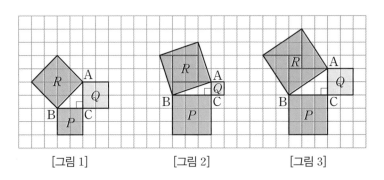

	P의 넓이		Q의 넓이		R의 넓이
[그림 1]	4	＋	4	＝	8
[그림 2]	9	＋	1	＝	10
[그림 3]	9	＋	4	＝	13

앞의 표를 통하여 정사각형 P, Q, R의 넓이 사이에

$$(P의\ 넓이)+(Q의\ 넓이)=(R의\ 넓이)$$

가 성립함을 알 수 있다.

이때 정사각형 P, Q, R의 넓이는 각각 $\overline{BC}^2$, $\overline{CA}^2$, $\overline{AB}^2$이므로 직각삼각형 ABC의 세 변의 길이 사이에

$$\overline{BC}^2+\overline{CA}^2=\overline{AB}^2$$

이 성립한다.

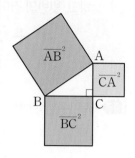

따라서 오른쪽 그림과 같은 직각삼각형 ABC에서 직각을 낀 두 변의 길이 a, b와 빗변의 길이 c 사이에는 $a^2+b^2=c^2$이 성립함을 알 수 있다.

이 관계식이 성립함을 다음과 같이 알아보자.

직각삼각형 ABC에서 두 변 CA, CB 를 연장하여 한 변의 길이가 $a+b$인 정 사각형 CDEF를 만들면 오른쪽 그림과 같다. 즉, 사각형 AGHB는 넓이가 c^2인 정사각형이 된다.

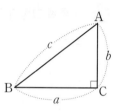

넓이가 c^2인 정사각형

▶ $\triangle ABC \equiv \triangle GAD$
$\equiv \triangle HGE$
$\equiv \triangle BHF$
(SAS 합동)
이므로 □AGHB는 한 변의 길이가 c인 정사각형이다.

위, 아래의 도형은 모두 한 변의 길이가 $a+b$이니까 넓이는 서로 같아.

위의 그림에서 세 직각삼각형 ①, ②, ③ 을 오른쪽 그림과 같이 옮기면 위의 그림과 오른쪽 그림에서 색칠한 부분의 넓이는 서로 같아진다.

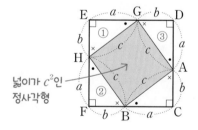

넓이가 b^2인 정사각형

넓이가 a^2인 정사각형

따라서 $a^2+b^2=c^2$이다.

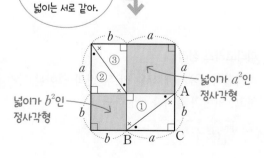

즉, 직각삼각형에서 직각을 낀 두 변의 길이의 제곱의 합은 빗변의 길이의 제곱과 같다.

이와 같은 성질을 **피타고라스 정리**라 한다.

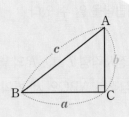

직각삼각형에서 직각을 낀 두 변의 길이를 각각 a, b라 하고, 빗변의 길이를 c라 하면

$$a^2 + b^2 = c^2$$

주의 피타고라스 정리에서 a, b, c는 변의 길이이므로 항상 양수이다.

오른쪽 그림과 같은 직각삼각형 ABC에서 x의 값을 구해
보자.

$4^2 + \boxed{}^2 = x^2$이므로 $x^2 = \boxed{}$

이때 $\boxed{}^2 = 25$이고 $x > 0$이므로 $x = \boxed{}$

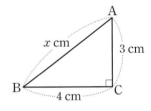

답 3, 25, 5, 5

회색 글씨를
따라 쓰면서
개념을 정리해 보자!

꽉 잡아, 개념!

피타고라스 정리

직각삼각형에서 직각을 낀 두 변의 길이를 각각 a, b라
하고, 빗변의 길이를 c라 하면

$$a^2 + b^2 = c^2$$

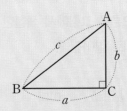

 오른쪽 그림과 같은 직각삼각형 ABC에서 $\overline{BC}=8$ cm, $\overline{CA}=6$ cm일 때, $\overline{AB}$의 길이를 구하시오.

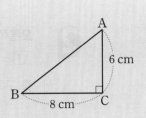

✎ 풀이 $8^2+6^2=\overline{AB}^2$이므로 $\overline{AB}^2=100$

이때 $10^2=100$이고 $\overline{AB}>0$이므로 $\overline{AB}=10$ cm

피타고라스 정리를 이용해.

🖉 10 cm

1-1 오른쪽 그림과 같은 직각삼각형 ABC에서 $\overline{AB}=8$ cm, $\overline{CA}=17$ cm일 때, $\overline{BC}$의 길이를 구하시오.

1-2 오른쪽 그림과 같은 삼각형 ABC에서 $\overline{AD}\perp\overline{BC}$이다. $\overline{BD}=5$ cm, $\overline{DC}=9$ cm이고 $\overline{CA}=15$ cm일 때, 다음을 구하시오.

(1) $\overline{AD}$의 길이

(2) $\overline{AB}$의 길이

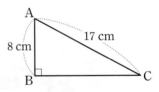

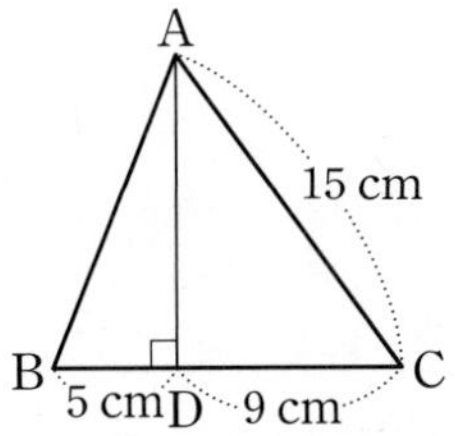

2 오른쪽 그림과 같이 ∠A=90°인 직각삼각형 ABC에서 $\overline{AB}$=4 cm, $\overline{CA}$=3 cm이고 $\overline{BC}\perp\overline{AD}$일 때, $\overline{BD}$의 길이를 구하시오.

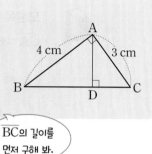

✏️ **풀이** △ABC에서 $4^2+3^2=\overline{BC}^2$이므로 $\overline{BC}^2=25$

이때 $5^2=25$이고 $\overline{BC}>0$이므로 $\overline{BC}=5$ cm

$\overline{AB}^2=\overline{BD}\times\overline{BC}$이므로 $4^2=\overline{BD}\times5$ ∴ $\overline{BD}=\dfrac{16}{5}$ cm

$\overline{BC}$의 길이를 먼저 구해 봐.

답 $\dfrac{16}{5}$ cm

2-1 오른쪽 그림과 같이 ∠A=90°인 직각삼각형 ABC에서 $\overline{BC}$=13 cm, $\overline{CA}$=5 cm이고 $\overline{BC}\perp\overline{AD}$일 때, $\overline{AD}$의 길이를 구하시오.

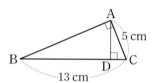

3 오른쪽 그림은 합동인 4개의 직각삼각형을 이용하여 정사각형 CDFH를 만든 것이다. $\overline{BC}$=8 cm, $\overline{CA}$=6 cm일 때, □AEGB의 넓이를 구하시오.

$\overline{AB}$의 길이를 먼저 구해 봐.

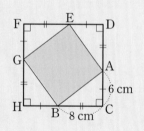

✏️ **풀이** △ABC에서 $8^2+6^2=\overline{AB}^2$이므로 $\overline{AB}^2=100$

이때 $10^2=100$이고 $\overline{AB}>0$이므로 $\overline{AB}=10$ cm

∴ □AEGB=$\overline{AB}^2=10^2=100(cm^2)$

답 100 cm²

3-1 오른쪽 그림과 같은 정사각형 ABCD에서 $\overline{CF}=\overline{DG}=\overline{AH}=\overline{BE}$=12 cm이고, □EFGH의 넓이가 225 cm²일 때, $\overline{GC}$의 길이를 구하시오.

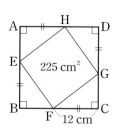

28

* QR코드를 스캔하여 개념 영상을 확인하세요.

직각삼각형이 되는 조건

●● 직각삼각형이 되는 조건은 무엇일까?

삼각형의 세 변의 길이가 주어졌을 때, 이 삼각형이 직각삼각형인지 어떻게 알 수 있을까?
△ABC에서 $\overline{BC}$와 $\overline{CA}$의 길이는 각각 3, 4로 고정한 후, $\overline{AB}$의 길이만 4, 5, 6으로 변화시키면서 삼각형을 그려 보자.

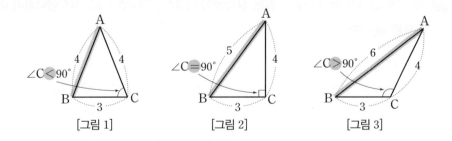

[그림 1]　　　　[그림 2]　　　　[그림 3]

△ABC에서 $\overline{AB}^2$, $\overline{BC}^2$, $\overline{CA}^2$을 각각 구하고, 이들 관계를 알아보면 다음과 같다.

	$\overline{AB}^2$		$\overline{BC}^2$		$\overline{AC}^2$
[그림 1]	16	<			
[그림 2]	25	=	9	+	16
[그림 3]	36	>			

이때 앞의 [그림 2]와 같이 $\overline{AB}^2 = \overline{BC}^2 + \overline{CA}^2$일 때, $\angle C = 90°$임을 알 수 있다.

즉, $\overline{AB} = 5$, $\overline{BC} = 3$, $\overline{CA} = 4$일 때, $\triangle ABC$는 직각삼각형이 된다.

일반적으로 $\triangle ABC$의 세 변의 길이가 각각 a, b, c이고 c가 가장 긴 변의 길이일 때, $\triangle ABC$가 직각삼각형이 되기 위한 조건은 다음과 같다.

> $c^2 = a^2 + b^2$ → 빗변의 길이가 c인 직각삼각형이다.
>
> $c^2 \neq a^2 + b^2$ → 직각삼각형이 아니다.

또, $\triangle ABC$에서 $\overline{AB} = c$, $\overline{BC} = a$, $\overline{CA} = b$이고 c가 가장 긴 변의 길이일 때, 다음과 같이 변의 길이에 따라 $\triangle ABC$가 어떤 삼각형인지 알 수 있다.

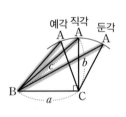

> $c^2 < a^2 + b^2$ → $\angle C < 90°$인 **예각**삼각형
>
> $c^2 = a^2 + b^2$ → $\angle C = 90°$인 **직각**삼각형
>
> $c^2 > a^2 + b^2$ → $\angle C > 90°$인 **둔각**삼각형

❤️ 세 변의 길이가 각각 다음과 같은 삼각형이 직각삼각형이면 ○표, 직각삼각형이 아니면 ✕표를 해 보자.

(1) 6 cm, 7 cm, 8 cm ( ) (2) 6 cm, 8 cm, 10 cm ( )

(3) 9 cm, 12 cm, 15 cm ( ) (4) 12 cm, 17 cm, 20 cm ( )

답 (1) ✕ (2) ○ (3) ○ (4) ✕

회색 글씨를 따라 쓰면서 개념을 정리해 보자!

꽉 잡아, 개념!

직각삼각형이 되는 조건

세 변의 길이가 각각 a, b, c인 $\triangle ABC$에서

$$\boxed{a^2 + b^2 = c^2}$$

이면 $\triangle ABC$는 빗변의 길이가 $\boxed{c}$인 직각삼각형이다.

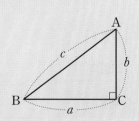

1 오른쪽 그림과 같은 △ABC가 ∠C=90°인 직각삼각형이 되도록 하는 $\overline{AB}$의 길이를 구하시오.

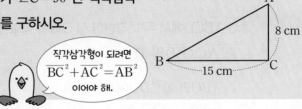

직각삼각형이 되려면 $\overline{BC}^2+\overline{AC}^2=\overline{AB}^2$ 이어야 해.

✎ **풀이** △ABC가 ∠C=90°인 직각삼각형이 되려면 $15^2+8^2=\overline{AB}^2$, 즉 $\overline{AB}^2=289$이어야 한다. 이때 $17^2=289$이고 $\overline{AB}>0$이므로 $\overline{AB}=17$ cm

🖉 **17 cm**

1-1 오른쪽 그림과 같은 △ABC가 ∠C=90°인 직각삼각형이 되도록 하는 $\overline{BC}$의 길이를 구하시오.

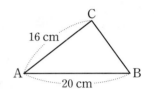

2 세 변의 길이가 각각 다음 보기와 같은 삼각형 중 둔각삼각형인 것을 모두 고르시오.

| 보기 |
ㄱ. 3 cm, 4 cm, 6 cm   ㄴ. 5 cm, 7 cm, 8 cm
ㄷ. 5 cm, 12 cm, 13 cm   ㄹ. 6 cm, 7 cm, 10 cm

✎ **풀이** ㄱ. $3^2+4^2<6^2$이므로 둔각삼각형이다.
ㄴ. $5^2+7^2>8^2$이므로 예각삼각형이다.
ㄷ. $5^2+12^2=13^2$이므로 직각삼각형이다.
ㄹ. $6^2+7^2<10^2$이므로 둔각삼각형이다.
이상에서 둔각삼각형인 것은 ㄱ, ㄹ이다.

먼저 가장 긴 변의 길이를 찾아봐.

🖉 **ㄱ, ㄹ**

2-1 세 변의 길이가 각각 다음 보기와 같은 삼각형 중 예각삼각형인 것을 모두 고르시오.

| 보기 |
ㄱ. 4 cm, 5 cm, 6 cm   ㄴ. 5 cm, 8 cm, 11 cm
ㄷ. 6 cm, 11 cm, 12 cm   ㄹ. 7 cm, 24 cm, 25 cm

피타고라스 정리의 응용

(1) 피타고라스 정리와 두 대각선이 직교하는 사각형

□ABCD에서 두 대각선이 점 O에서 직교한다.

즉, $\overline{AC} \perp \overline{BD}$일 때,

△ABO와 △CDO에서

$$\overline{AB}^2 = \overline{AO}^2 + \overline{BO}^2, \ \overline{CD}^2 = \overline{CO}^2 + \overline{DO}^2$$

△ADO와 △BCO에서

$$\overline{AD}^2 = \overline{AO}^2 + \overline{DO}^2, \ \overline{BC}^2 = \overline{BO}^2 + \overline{CO}^2$$

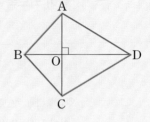

이므로

$$\overline{AB}^2 + \overline{CD}^2$$
$$= (\overline{AO}^2 + \overline{BO}^2) + (\overline{CO}^2 + \overline{DO}^2)$$
$$= (\overline{AO}^2 + \overline{DO}^2) + (\overline{BO}^2 + \overline{CO}^2)$$
$$= \overline{AD}^2 + \overline{BC}^2$$

두 대각선이 직교하는 사각형에서만 성립해.

(2) 직각삼각형과 세 반원 사이의 관계

$\angle A = 90°$인 직각삼각형 ABC에서 $\overline{AB}$, $\overline{CA}$, $\overline{BC}$를 각각 지름으로 하는 세 반원의 넓이를 각각 S_1, S_2, S_3이라 하고, $\overline{AB} = c$, $\overline{BC} = a$, $\overline{CA} = b$라 하면

$$S_1 + S_2 = \frac{1}{2} \times \pi \times \left(\frac{c}{2}\right)^2 + \frac{1}{2} \times \pi \times \left(\frac{b}{2}\right)^2$$

$$= \frac{1}{8}\pi(b^2 + c^2)$$

$$S_3 = \frac{1}{2} \times \pi \times \left(\frac{a}{2}\right)^2 = \frac{1}{8}\pi a^2$$

그런데 직각삼각형 ABC에서 $\underline{b^2 + c^2 = a^2}$이므로
$\quad\quad\quad\quad\quad\quad\quad\quad\quad\quad\quad\uparrow$ 피타고라스 정리

$$S_1 + S_2 = S_3$$

피타고라스 정리

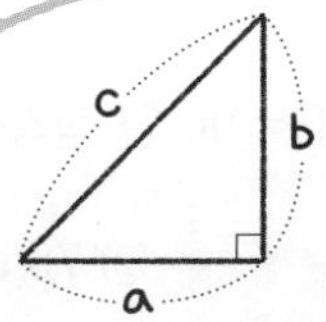

$$a^2+b^2=c^2$$

피타고라스 정리의 설명

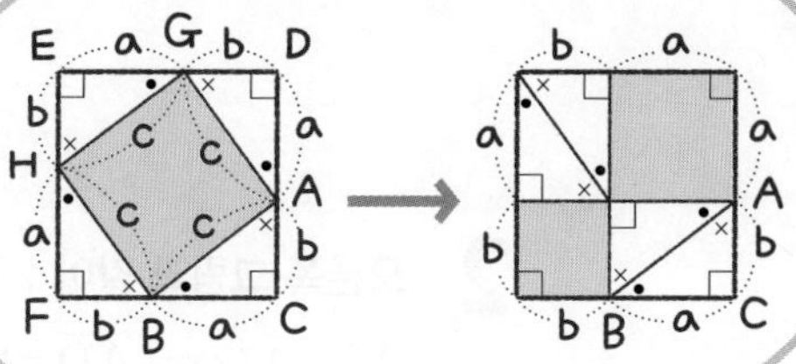

$$a^2+b^2=c^2$$

피타고라스 정리

직각삼각형이 되는 조건

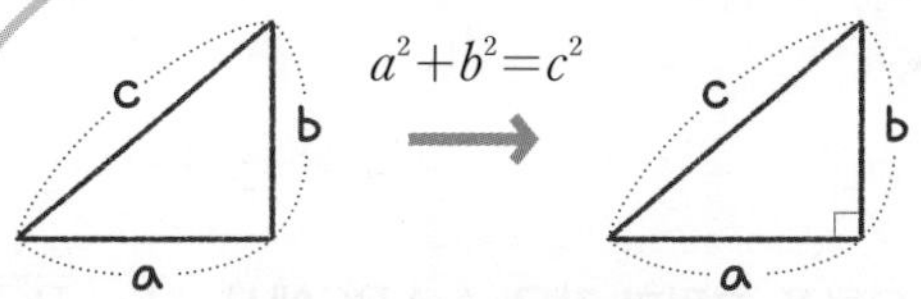

$$a^2+b^2=c^2$$

$a^2+b^2=c^2$이면 이 삼각형은 빗변의

길이가 c인 직각삼각형이다.

삼각형의 변의 길이와
삼각형의 모양 사이의 관계

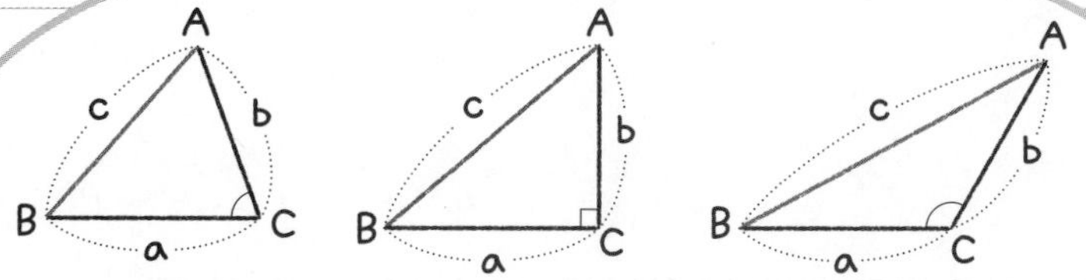

$c^2 < a^2+b^2$ $c^2 = a^2+b^2$ $c^2 > a^2+b^2$

Go.Go! 문제를 풀어 보자

1 오른쪽 그림과 같이 ∠B＝90°인 직각삼각형 ABC의 넓이는?

① 60 cm²   ② 76 cm²

③ 92 cm²   ④ 108 cm²

⑤ 124 cm²

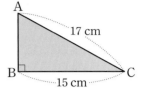

2 오른쪽 그림과 같이 ∠BCA＝∠CAD＝90°이고 $\overline{AB}$＝17 cm, $\overline{AD}$＝20 cm, $\overline{BC}$＝8 cm일 때, $\overline{CD}$의 길이는?

① 12 cm   ② 15 cm

③ 17 cm   ④ 20 cm

⑤ 25 cm

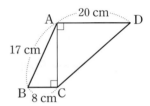

3 오른쪽 그림과 같은 △ABC에서 $\overline{AD}\perp\overline{BC}$일 때, $\overline{AB}$의 길이를 구하시오.

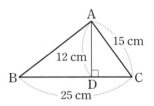

4 오른쪽 그림과 같은 직각삼각형 ABC에서 $\overline{AD}＝\overline{CD}$일 때, $\overline{AC}^2$의 값을 구하시오.

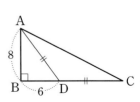

▶ 정답 및 풀이 15쪽

5 가로의 길이가 8 cm이고 대각선의 길이가 10 cm인 직사각형의 넓이는?

① 48 cm^2 ② 58 cm^2 ③ 68 cm^2

④ 78 cm^2 ⑤ 88 cm^2

6 오른쪽 그림과 같이 $\overline{AB}=12$ cm, $\overline{AD}=15$ cm인 직사각형 모양의 종이를 꼭짓점 C가 $\overline{AD}$ 위의 점 E에 오도록 접었을 때, △EFD의 넓이는?

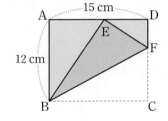

① $\dfrac{27}{2}$ cm^2 ② 14 cm^2

③ $\dfrac{29}{2}$ cm^2 ④ 15 cm^2

⑤ $\dfrac{31}{2}$ cm^2

7 오른쪽 그림은 ∠C=90°인 직각삼각형 ABC의 각 변을 한 변으로 하는 세 정사각형을 그린 것이다. 두 정사각형 AFGB, BHIC의 넓이가 각각 100 cm^2, 36 cm^{2}일 때, △ABC의 넓이를 구하면?

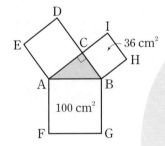

① 22 cm^2 ② $\dfrac{45}{2}$ cm^2

③ 23 cm^2 ④ $\dfrac{47}{2}$ cm^2

⑤ 24 cm^2

8 오른쪽 그림과 같은 정사각형 ABCD에서
$$\overline{AE}=\overline{BF}=\overline{CG}=\overline{DH}=4 \text{ cm}$$
이고 □EFGH의 넓이가 25 cm^{2}일 때, □ABCD의 넓이를 구하시오.

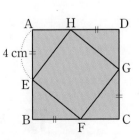

9 오른쪽 그림과 같이 ∠A＝90°인 직각삼각형 ABC에서 $\overline{AD}\perp\overline{BC}$이고 $\overline{AB}=8$, $\overline{AC}=6$일 때, $x-y$의 값은?

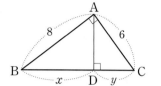

① $\dfrac{13}{5}$　　　　② $\dfrac{27}{10}$

③ $\dfrac{14}{5}$　　　　④ $\dfrac{29}{10}$

⑤ 3

10 △ABC에서 $\overline{AB}=c$, $\overline{BC}=a$, $\overline{CA}=b$일 때, 다음 중 옳지 <u>않은</u> 것은?

① $b^2=a^2+c^2$이면 ∠B＝90°이다.

② $a^2>b^2+c^2$이면 ∠A＞90°이다.

③ $c^2=a^2+b^2$이면 ∠C＝90°인 직각삼각형이다.

④ $a^2<b^2+c^2$이면 ∠A가 예각인 예각삼각형이다.

⑤ $b^2>a^2+c^2$이면 ∠B가 둔각인 둔각삼각형이다.

11 세 변의 길이가 다음과 같은 삼각형 중 직각삼각형인 것은?

① 2, 4, 5　　　　② 3, 4, 5　　　　③ 4, 5, 6

④ 12, 13, 17　　　⑤ 13, 14, 17

12 세 변의 길이가 각각 9 cm, 12 cm, 15 cm인 삼각형의 넓이를 구하시오.

13 세 변의 길이가 다음과 같은 삼각형 중 둔각삼각형인 것을 모두 고르면? (정답 2개)

① 3, 4, 5   ② 5, 7, 10   ③ 6, 10, 11

④ 8, 11, 12   ⑤ 10, 10, 15

14 세 변의 길이가 각각 3, 6, a인 삼각형이 둔각삼각형이 될 때, a의 값이 될 수 있는 모든 자연수의 합은? (단, $a > 6$)

① 15   ② 17   ③ 19

④ 21   ⑤ 23

15 오른쪽 그림과 같은 □ABCD에서 $\overline{AC} \perp \overline{BD}$이고 $\overline{AB}$, $\overline{BC}$, $\overline{CD}$ 를 한 변으로 하는 세 정사각형의 넓이가 각각 $9\,cm^2$, $18\,cm^2$, $25\,cm^2$일 때, $\overline{AD}$를 한 변으로 하는 정사각형의 넓이를 구하시오.

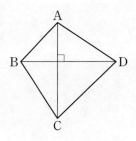

16 오른쪽 그림과 같이 ∠B $=90°$인 직각삼각형 ABC에서 $\overline{AB}=8\,cm$ 이고 $\overline{BC}$를 지름으로 하는 반원의 넓이가 $5\pi\,cm^2$일 때, $\overline{AC}$를 지름 으로 하는 반원의 넓이를 구하면?

① $10\pi\,cm^2$ ② $11\pi\,cm^2$

③ $12\pi\,cm^2$ ④ $13\pi\,cm^2$

⑤ $14\pi\,cm^2$

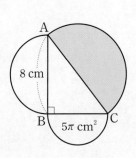

V 확률

차례~차례~
가 보자!!

♪~

GO!!!
시작해 보자~

10
경우의 수

#사건 # 경우의 수

또는 #~이거나

#동시에 일어나는

#~이고 #~와

▶ 정답 및 풀이 16쪽

● 토끼가 아침과 저녁에 먹은 당근은 모두 몇 개일까?

다음 표에서 주어진 조건을 만족하는 수만을 모두 찾아 색칠하면 토끼가 아침과 저녁에 먹은 당근은 각각 몇 개인지 찾을 수 있다.
토끼가 아침과 저녁에 먹은 당근은 모두 몇 개인지 구해 보자.

(1)

아침			소수			
10	4	1	9	15	12	8
15	11	3	7	2	20	16
8	14	9	10	5	8	6
4	19	17	13	23	15	1
6	2	4	14	1	6	12
21	7	19	5	3	15	20
10	1	6	18	12	4	9

☐ 개

(2)

저녁			12의 약수			
8	7	9	10	5	11	7
5	6	11	7	4	16	9
7	2	19	5	1	7	16
16	3	13	15	3	10	5
5	6	2	12	4	2	14
9	8	11	7	6	7	8
7	9	10	5	2	11	13

☐ 개

정답 ☐

29
사건과 경우의 수

●● 사건은 무엇이고 그 경우의 수는 어떻게 구할까?

* QR코드를 스캔하여 개념 영상을 확인하세요.

동전 한 개를 던질 때 나오는 모든 경우는 다음과 같다.

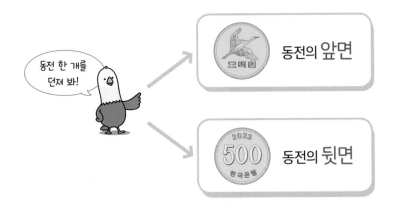

▶ 사건은 실험이나 관찰에 의하여 나타나는 결과 중의 일부 또는 전부이다.

즉, 나오는 모든 경우는 2가지이다.

이처럼 동전 또는 주사위를 던지거나 카드를 뽑는 것과 같이 동일한 조건에서 반복할 수 있는 실험이나 관찰에 의하여 나타나는 결과를 **사건**이라 한다. 또, 사건이 일어나는 모든 가짓수를 **경우의 수**라 한다.

그렇다면 동전 한 개를 던질 때 일어나는 각 사건에 대한 경우의 수를 구해 보자.

또, 주사위 한 개를 던질 때 일어나는 각 사건에 대한 경우의 수를 구해 보자.

▶ 경우의 수를 구할 때에는 모든 경우를 중복되지 않게 빠짐없이 구해야 한다.

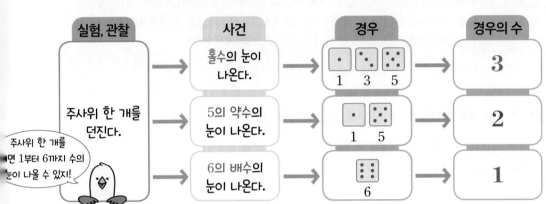

주사위 한 개를 던지면 1부터 6까지 수의 눈이 나올 수 있지!

➕참고 두 주사위 A, B를 던질 때 일어나는 사건에 대한 경우의 수는 나오는 눈의 수를 각각 a, b라 하고 순서쌍 (a, b)를 이용하여 구한다.

✔️ 오른쪽 그림과 같이 1부터 10까지의 자연수가 각각 하나씩 적힌 10장의 카드가 있다. 이 중에서 한 장의 카드를 뽑을 때, 다음을 구해 보자.

(1) 모든 경우의 수
(2) 카드에 적힌 수가 짝수인 경우의 수
(3) 카드에 적힌 수가 10의 약수인 경우의 수

📋 (1) **10** (2) **5** (3) **4**

회색 글씨를 따라 쓰면서 개념을 정리해 보자!

꽉 잡아, 개념!

(1) **사건**: 동일한 조건에서 반복할 수 있는 실험이나 관찰에 의하여 나타나는 결과

(2) **경우의 수**: 사건이 일어나는 모든 가짓수

▶ 정답 및 풀이 16쪽

1 서로 다른 두 개의 주사위를 동시에 던질 때, 다음을 구하시오.

나올 수 있는 모든 경우를 순서쌍으로 나타내 보자!

(1) 나오는 두 눈의 수가 같은 경우의 수
(2) 나오는 두 눈의 수의 합이 7인 경우의 수
(3) 나오는 두 눈의 수의 곱이 6인 경우의 수

✎ **풀이** (1) 두 눈의 수가 같은 경우는 $(1, 1), (2, 2), (3, 3), (4, 4), (5, 5), (6, 6)$의 6가지이다.
(2) 두 눈의 수의 합이 7인 경우는 $(1, 6), (2, 5), (3, 4), (4, 3), (5, 2), (6, 1)$의 6가지이다.
(3) 두 눈의 수의 곱이 6인 경우는 $(1, 6), (2, 3), (3, 2), (6, 1)$의 4가지이다.

🖹 (1) 6 (2) 6 (3) 4

1-1 한 개의 동전을 두 번 던질 때, 다음을 구하시오.

(1) 모두 뒷면이 나오는 경우의 수
(2) 앞면이 한 번만 나오는 경우의 수

2 100원짜리 동전 4개, 50원짜리 동전 6개가 있을 때, 400원을 거스름돈 없이 지불하는 방법의 수를 구하시오.

✎ **풀이** 400원을 지불할 때 사용하는 동전의 개수를 표로 나타내면 다음과 같다.

가지고 있는 동전 중에서 금액이 큰 것부터 개수를 정해 보면 쉬워!

100원(개)	4	3	2	1
50원(개)	0	2	4	6
금액(원)	400	400	400	400

따라서 구하는 방법의 수는 4이다.

🖹 4

2-1 현재가 500원짜리 동전 2개, 100원짜리 동전 10개를 가지고 있다. 현재가 문구점에서 1000원짜리 노트 한 권을 사려고 할 때, 거스름돈 없이 그 값을 지불하는 방법의 수를 구하시오.

30

사건 A 또는 사건 B가 일어나는 경우의 수

* QR코드를 스캔하여 개념 영상을 확인하세요.

●● 사건 A 또는 사건 B가 일어나는 경우의 수는 어떻게 구할까?

위의 상황에서 별 모양을 선택하는 경우의 수와 리본 모양을 선택하는 경우의 수는 각각

  (별 모양을 선택하는 경우의 수)=3

  (리본 모양을 선택하는 경우의 수)=5

이다.

이때 별 모양 또는 리본 모양 중에서 한 가지를 선택하는 경우의 수는 다음과 같다.

▶ 두 사건 A와 B가 동시에 일어나지 않는다는 것은 사건 A가 일어나면 사건 B가 일어나지 않고, 사건 B가 일어나면 사건 A가 일어나지 않는다는 뜻이다.

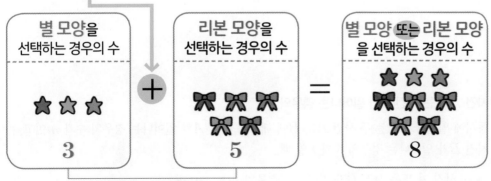

따라서 구한 경우의 수 8은 별 모양을 선택하는 경우의 수 3과 리본 모양을 선택하는 경우의 수 5를 더한 것과 같으므로 두 사건의 경우의 수의 합으로 볼 수 있다.

일반적으로 동시에 일어나지 않는 두 사건 A와 B에 대하여 사건 A 또는 사건 B가 일어나는 경우의 수는 각 사건이 일어나는 경우의 수를 더하여 구할 수 있다.

▶ 일반적으로 동시에 일어나지 않는 두 사건에 대하여 '또는', '~이거나'와 같은 표현이 있으면 각 사건의 경우의 수를 더한다.

사건 A 또는 사건 B가 일어나는 경우의 수
→ (사건 A가 일어나는 경우의 수) ✚ (사건 B가 일어나는 경우의 수)

어느 문구점에 서로 다른 볼펜 5종류와 연필 4종류가 있을 때, 다음을 구해 보자.

(1) 볼펜 한 자루를 고르는 경우의 수
(2) 연필 한 자루를 고르는 경우의 수
(3) 볼펜 또는 연필 한 자루를 고르는 경우의 수

📋 (1) 5   (2) 4   (3) 9

회색 글씨를 따라 쓰면서 개념을 정리해 보자!

꽉 잡아, 개념!

사건 A 또는 사건 B가 일어나는 경우의 수
동시에 일어나지 않는 두 사건 A와 B에 대하여 사건 A가 일어나는 경우의 수가 m이고, 사건 B가 일어나는 경우의 수가 n일 때,

(사건 A 또는 사건 B가 일어나는 경우의 수) = $\boxed{m+n}$

▶ 정답 및 풀이 17쪽

1 각 사건의 경우의 수를 먼저 구해 봐.

주머니 속에 1부터 8까지의 자연수가 각각 적힌 8개의 공이 들어 있다. 이 중에서 한 개의 공을 꺼낼 때, 2의 배수 또는 5의 배수가 적힌 공이 나오는 경우의 수를 구하시오.

🖊 **풀이** 2의 배수가 적힌 공이 나오는 경우는 2, 4, 6, 8의 4가지이고, 5의 배수가 적힌 공이 나오는 경우는 5의 1가지이다.

따라서 구하는 경우의 수는 4+1=5

目 5

1-1 각 면에 1부터 12까지의 자연수가 각각 하나씩 적힌 정십이면체 모양의 주사위가 있다. 이 주사위를 한 번 던져서 윗면에 적힌 수를 읽을 때, 12의 약수 또는 5의 배수가 나오는 경우의 수를 구하시오.

2 서로 다른 두 개의 주사위를 동시에 던질 때, 다음을 구하시오.

(1) 나오는 눈의 수의 합이 3인 경우의 수

(2) 나오는 눈의 수의 합이 8인 경우의 수

(3) 나오는 눈의 수의 합이 3 또는 8인 경우의 수

1부터 6까지의 자연수 중에서 합이 3, 8인 두 수를 순서쌍으로 나타내 봐.

🖊 **풀이** (1) 두 눈의 수의 합이 3인 경우는 (1, 2), (2, 1)의 2가지이다.

(2) 두 눈의 수의 합이 8인 경우는 (2, 6), (3, 5), (4, 4), (5, 3), (6, 2)의 5가지이다.

(3) 나오는 눈의 수의 합이 3 또는 8인 경우의 수는 2+5=7

目 (1) 2 (2) 5 (3) 7

2-1 서로 다른 두 개의 주머니 A, B에 1부터 5까지의 숫자가 각각 하나씩 적힌 5개의 공이 들어 있다. 각 주머니에서 공을 한 개씩 꺼낼 때, 꺼낸 공에 적힌 수의 합이 5 또는 7인 경우의 수를 구하시오.

A   B

31

두 사건 A와 B가 동시에 일어나는 경우의 수

＊QR코드를 스캔하여 개념 영상을 확인하세요.

●●두 사건 A와 B가 동시에 일어나는 경우의 수는 어떻게 구할까?

위의 상황에서 티셔츠를 고르는 경우의 수와 바지를 고르는 경우의 수는 각각

(**티셔츠를 고르는 경우의 수**) $= 3$

(**바지를 고르는 경우의 수**) $= 2$

이다.

이때 티셔츠와 바지를 각각 하나씩 고르는 모든 경우는 다음과 같이 생각할 수 있다.

▶ 두 사건이 동시에 일
어나는 경우의 수를 구할
때, 나뭇가지 모양의 그
림을 이용할 수도 있다.

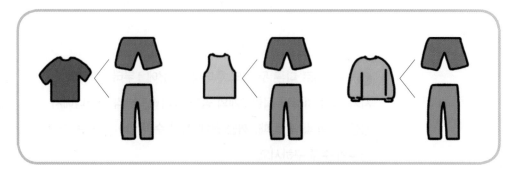

즉, 티셔츠와 바지를 하나씩 고르는 경우의 수는 다음과 같다.

티셔츠를 고르는 경우의 수	$\times$	바지를 고르는 경우의 수	$=$	티셔츠와 바지를 고르는 경우의 수
3		2		6

동시에 일어난다.

따라서 구한 경우의 수 6은 티셔츠를 고르는 경우의 수 3과 바지를 고르는 경우의 수 2를 곱한 것과 같으므로 두 사건의 경우의 수의 곱으로 볼 수 있다.

일반적으로 두 사건 A와 B가 동시에 일어나는 경우의 수는 각 사건이 일어나는 경우의 수를 곱하여 구할 수 있다.

▶ 일반적으로 동시에 일어나는 두 사건에 대하여 '동시에', '그리고', '~와', '~하고 나서'와 같은 표현이 있으면 각 사건의 경우의 수를 곱한다.

두 사건 A와 B가 동시에 일어나는 경우의 수
→ (사건 A가 일어나는 경우의 수) $\times$ (사건 B가 일어나는 경우의 수)

오른쪽 그림과 같이 꽃병 4종류와 꽃 3종류가 있을 때, 다음을 구해 보자.

(1) 꽃병 한 종류를 선택하는 경우의 수
(2) 꽃 한 종류를 선택하는 경우의 수
(3) 꽃병과 꽃을 각각 한 종류씩 선택하는 경우의 수

답 (1) 4 (2) 3 (3) 12

꽉 잡아, 개념!

두 사건 A와 B가 동시에 일어나는 경우의 수

사건 A가 일어나는 경우의 수가 m이고, 그 각각에 대하여 사건 B가 일어나는 경우의 수가 n일 때,

(두 사건 A와 B가 동시에 일어나는 경우의 수) $= \boxed{m \times n}$

1 4개의 자음 ㄱ, ㄴ, ㄷ, ㄹ과 2개의 모음 ㅏ, ㅓ 중에서 자음과 모음을 각각 한 가지씩 골라 짝지어 만들 수 있는 글자의 수를 구하시오.

🖊 **풀이** 자음을 고르는 경우의 수는 4이고, 그 각각에 대하여 모음을 고르는 경우의 수는 2이다.

따라서 만들 수 있는 글자의 수는 $4 \times 2 = 8$

각각 한 가지씩 동시에 선택하는 경우야.

답 8

1-1 어느 분식집에 김밥 6종류와 라면 3종류가 있다. 이 중에서 김밥과 라면을 각각 한 종류씩 고르는 경우의 수를 구하시오.

2 오른쪽 그림과 같이 집에서 도서관까지 가는 길이 5가지, 도서관에서 공원까지 가는 길이 3가지가 있다. 이때 집에서 도서관을 거쳐 공원까지 가는 경우의 수를 구하시오. (단, 한 번 지나간 길은 다시 지나지 않는다.)

집   도서관   공원

🖊 **풀이** 집에서 도서관까지 가는 경우의 수는 5이고, 그 각각에 대하여 도서관에서 공원까지 가는 경우의 수는 3이다.

따라서 구하는 경우의 수는 $5 \times 3 = 15$

집에서 도서관까지 간 후, 도서관에서 공원으로 간 거야.

답 15

2-1 어느 동물원에 출입구가 5개 있다. 이 동물원에 들어갔다가 나올 때, 서로 다른 출입구를 선택하는 경우의 수를 구하시오.

3 동전 한 개와 주사위 한 개를 동시에 던질 때, 다음을 구하시오.

(1) 일어나는 모든 경우의 수

(2) 동전은 뒷면이 나오고, 주사위는 홀수의 눈이 나오는 경우의 수

한 개의 동전을 던졌을 때와 한 개의 주사위를 던졌을 때 일어나는 경우를 각각 생각해 봐.

✎ 풀이 (1) 동전 한 개를 던질 때 나오는 경우의 수는 2이고, 그 각각에 대하여 주사위 한 개를 던질 때 나오는 경우의 수는 6이다.

따라서 구하는 경우의 수는 $2 \times 6 = 12$

(2) 동전에서 뒷면이 나오는 경우는 1가지이고, 그 각각에 대하여 주사위에서 홀수의 눈이 나오는 경우는 1, 3, 5의 3가지이다.

따라서 구하는 경우의 수는 $1 \times 3 = 3$

답 (1) **12** (2) **3**

3-1 각 면에 1부터 4까지의 자연수가 각각 하나씩 적힌 정사면체 모양의 주사위를 두 번 던져서 바닥에 닿은 면에 적힌 수를 읽을 때, 다음을 구하시오.

(1) 일어나는 모든 경우의 수

(2) 첫 번째에는 짝수가 나오고, 두 번째에는 소수가 나오는 경우의 수

3-2 두 개의 주사위 A, B를 동시에 던질 때, 주사위 A는 3의 배수의 눈이 나오고, 주사위 B는 4의 약수의 눈이 나오는 경우의 수를 구하시오.

32 여러 가지 경우의 수

●● 한 줄로 세우는 경우의 수는 어떻게 구할까?

4명을 한 줄로 세우는 경우의 수는 첫 번째, 두 번째, 세 번째, 네 번째에 서는 사람을 차례로 뽑는 경우의 수로 생각할 수 있다.

즉, 각 자리에 서는 사람을 차례로 뽑는 사건은 동시에 일어나므로 각 경우의 수를 곱하여 구하면 된다.

첫 번째   두 번째   세 번째   네 번째

$$4 \times 3 \times 2 \times 1 = 24$$

4명 중 1명을 뽑는 경우의 수   남은 3명 중 1명을 뽑는 경우의 수   남은 2명 중 1명을 뽑는 경우의 수   남은 1명 중 1명을 뽑는 경우의 수

한 번 뽑은 사람은 다음 순서에서 제외해야 해!

▶ 한 사람의 자리를 정하고 사람들을 한 줄로 세우는 경우의 수는 정해진 한 사람을 제외한 나머지 사람들을 한 줄로 세우는 경우의 수와 같다.

따라서 n명을 한 줄로 세우는 경우의 수는 다음과 같다.

$$n \times (n-1) \times (n-2) \times \cdots \times 2 \times 1$$

참고 n명 중에서 2명을 뽑아 한 줄로 세우는 경우의 수 → $n \times (n-1)$

•• 0이 포함되지 않은 숫자로 만들 수 있는 자연수의 개수를 구해 볼까?

1, 2, 3, 4가 각각 하나씩 적힌 4장의 카드 중에서 서로 다른 2장을 뽑아 만들 수 있는 두 자리 자연수의 개수는 4명 중에서 2명을 뽑아 한 줄로 세우는 경우의 수와 같으므로 다음과 같이 구할 수 있다.

십의 자리   일의 자리

$$4 \quad \times \quad 3 \quad = \quad 12$$

4장 중 1장을 뽑는 경우의 수   남은 3장 중 1장을 뽑는 경우의 수

두 자리 수는
십의 자리, 일의 자리로
구성되어 있지!

따라서 0이 포함되지 않은 서로 다른 한 자리 숫자가 각각 하나씩 적힌 n장의 카드 중에서 서로 다른 2장을 뽑아 만들 수 있는 두 자리 자연수의 개수는 다음과 같다.

십의 자리   일의 자리

$$\underline{n} \quad \times \quad (n-1)$$

n장 중 1장   십의 자리의 숫자를 제외한 $(n-1)$장 중 1장

한편, 0이 포함되지 않은 서로 다른 한 자리 숫자가 각각 하나씩 적힌 n장의 카드 중에서 서로 다른 3장을 뽑아 만들 수 있는 세 자리 자연수의 개수도 두 자리 자연수의 개수를 구하는 방법과 같은 방법으로 구할 수 있다.

백의 자리   십의 자리   일의 자리

$$\underline{n} \quad \times \quad (n-1) \quad \times \quad (n-2)$$

n장 중 1장   백의 자리의 숫자를 제외한 $(n-1)$장 중 1장   백, 십의 자리의 숫자를 제외한 $(n-2)$장 중 1장

✔️ 1, 2, 3, 4, 5가 각각 하나씩 적힌 5장의 카드 중에서 서로 다른 2장을 뽑아 만들 수 있는 두 자리 자연수의 개수를 구해 보자.

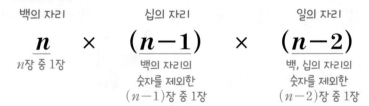

십의 자리   일의 자리

□ × □ = □

답 5, 4, 20

•• 0이 포함된 숫자로 만들 수 있는 자연수의 개수를 구해 볼까?

서로 다른 숫자가 각각 하나씩 적힌 4장의 카드로 두 자리 자연수를 만들 때 주어진 숫자 카드에 0이 포함된 경우라면 만들 수 있는 두 자리 자연수의 개수는 앞에서 구한 12개와 달라진다.

그 이유는 0이 포함된 숫자가 주어질 때, 자연수의 맨 앞 자리에는 0이 올 수 없기 때문이다.

이와 같이 두 자리 이상의 자연수를 만들 때에는 숫자 카드에 0이 포함되어 있는지 포함되어 있지 않은지에 따라 만들 수 있는 자연수의 개수가 달라진다. 따라서 주어진 숫자 카드에 0이 포함되어 있는지를 반드시 먼저 확인해야 한다.

0, 1, 2, 3이 각각 하나씩 적힌 4장의 카드 중에서 서로 다른 2장을 뽑아 만들 수 있는 두 자리 자연수의 개수는 십의 자리에 0이 올 수 없다는 점에 유의하여 다음과 같이 구할 수 있다.

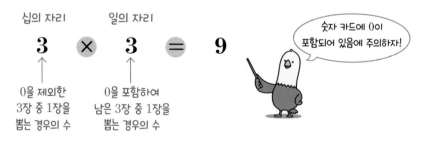

따라서 0이 포함된 서로 다른 한 자리 숫자가 각각 하나씩 적힌 n장의 카드 중에서 서로 다른 2장을 뽑아 만들 수 있는 두 자리 자연수의 개수는 다음과 같다.

한편, 0이 포함된 서로 다른 한 자리 숫자가 각각 하나씩 적힌 n장의 카드 중에서 서로 다른 3장을 뽑아 만들 수 있는 세 자리 자연수의 개수도 두 자리 자연수의 개수를 구하는 방법과 같은 방법으로 구할 수 있다.

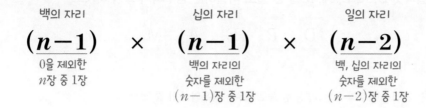

백의 자리   십의 자리   일의 자리

$$(n-1) \times (n-1) \times (n-2)$$

0을 제외한
n장 중 1장
백의 자리의
숫자를 제외한
$(n-1)$장 중 1장
백, 십의 자리의
숫자를 제외한
$(n-2)$장 중 1장

💙 0, 1, 2, 3, 4가 각각 하나씩 적힌 5장의 카드 중에서 서로 다른 2장을 뽑아 만들 수 있는 두 자리 자연수의 개수를 구해 보자.

| 0 | 1 | 2 |
| 3 | 4 |

> 십의 자리   일의 자리
> $\square$ $\times$ $\square$ $=$ $\square$

답 4, 4, 16

회색 글씨를
따라 쓰면서
개념을 정리해 보자!

꽉 잡아, 개념!

(1) n명을 한 줄로 세우는 경우의 수

➡ $n \times (n-1) \times (n-2) \times \cdots \times 2 \times \boxed{1}$

(2) 0이 포함되지 않은 숫자로 만들 수 있는 자연수의 개수

0이 포함되지 않은 서로 다른 한 자리 숫자가 각각 하나씩 적힌 n장의 카드 중에서

① 서로 다른 2장을 뽑아 만들 수 있는 두 자리 자연수의 개수 ➡ $n \times \boxed{(n-1)}$

② 서로 다른 3장을 뽑아 만들 수 있는 세 자리 자연수의 개수 ➡ $n \times (n-1) \times (n-2)$

(3) 0이 포함된 숫자로 만들 수 있는 자연수의 개수

0이 포함된 서로 다른 한 자리 숫자가 각각 하나씩 적힌 n장의 카드 중에서

① 서로 다른 2장을 뽑아 만들 수 있는 두 자리 자연수의 개수 ➡ $\boxed{(n-1)} \times (n-1)$

② 서로 다른 3장을 뽑아 만들 수 있는 세 자리 자연수의 개수 ➡ $(n-1) \times (n-1) \times (n-2)$

1 5개의 알파벳 D, R, E, A, M을 한 줄로 나열하는 경우의 수를 구하시오.

$$\boxed{D}\;\boxed{R}\;\boxed{E}\;\boxed{A}\;\boxed{M}$$

5명을 한 줄로 세우는 경우의 수와 같아.

✏️ **풀이** 구하는 경우의 수는 5명을 한 줄로 세우는 경우의 수와 같으므로

$5 \times 4 \times 3 \times 2 \times 1 = 120$

🔲 120

1-1 서로 다른 소설책 6권을 책꽂이에 한 줄로 꽂는 경우의 수를 구하시오.

2 빨강, 파랑, 초록, 노랑, 분홍의 5가지 색의 깃발을 한 줄로 나열할 때, 노란색 깃발이 맨 처음에 오는 경우의 수를 구하시오.

빨강   파랑   초록   노랑   분홍

자리가 정해진 깃발을 제외한 나머지를 한 줄로 세우는 경우의 수와 같아!

✏️ **풀이** 노란색 깃발을 맨 처음에 고정하고 나머지 4개의 깃발을 한 줄로 나열하면 되므로 구하는 경우의 수는

$4 \times 3 \times 2 \times 1 = 24$

🔲 24

2-1 A, B, C, D, E, F의 6명을 한 줄로 세울 때, A는 맨 앞에, D는 맨 뒤에 서는 경우의 수를 구하시오.

1부터 6까지의 자연수가 각각 하나씩 적힌 6장의 카드가 있을 때, 다음을 구하시오.

(1) 서로 다른 3장을 뽑아 만들 수 있는 세 자리 자연수의 개수

(2) 서로 다른 2장을 뽑아 만들 수 있는 두 자리 짝수의 개수

짝수는 일의 자리의 숫자가 짝수야!

✏️ 풀이   (1) $6 \times 5 \times 4 = 120$

(2) 일의 자리에 올 수 있는 숫자는 2, 4, 6의 3개이다. 이때 십의 자리에 올 수 있는 숫자는 일의 자리의 숫자를 제외한 5개이다.

따라서 구하는 짝수의 개수는 $3 \times 5 = 15$

📋 (1) **120**   (2) **15**

3-1   1, 3, 6, 7, 9가 각각 하나씩 적힌 5장의 카드 중에서 서로 다른 2장을 뽑아 만들 수 있는 두 자리 홀수의 개수를 구하시오.

3-2   0, 2, 3, 8, 9가 각각 하나씩 적힌 5장의 카드 중에서 서로 다른 3장을 뽑아 만들 수 있는 세 자리 홀수의 개수를 구하시오.

11
확률과 그 기본 성질

#확률 p #$0 \le p \le 1$

#절대로 일어나지 않으면 0

#반드시 일어나면 1

#일어나지 않을 확률은 $1-p$

▶ 정답 및 풀이 18쪽

● ☐☐☐은 순우리말로 갓난아기가 두 팔을 머리 위로 벌리고 자는 잠을 말한다.

평화롭게 잠든 아이의 이 모습이 한 마리의 나비가 사뿐히 앉았다 날아가는 모습 같아서 이렇게 부른다고 한다.

주사위 한 개를 던질 때, 다음 사건이 일어나는 경우의 수를 구하고, 이 단어를 알아보자.

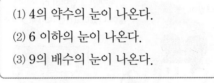

> (1) 4의 약수의 눈이 나온다.
> (2) 6 이하의 눈이 나온다.
> (3) 9의 배수의 눈이 나온다.

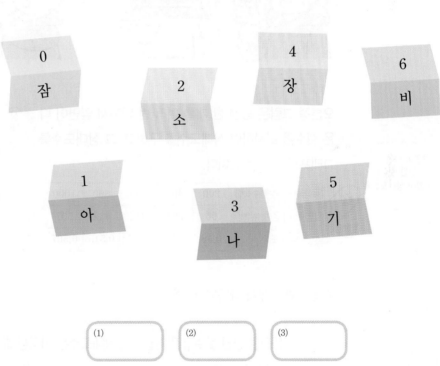

| (1) | (2) | (3) |

33
확률의 뜻

* QR코드를 스캔하여 개념 영상을 확인하세요.

●●확률이란 무엇일까?

오른쪽 그림은 동전 한 개를 여러 번 던져서 앞면이 나온 횟수를 조사하여 상대도수를 구하고, 그 상대도수를 그래프로 나타낸 것이다.

$\dfrac{(앞면이\ 나온\ 횟수)}{(던진\ 횟수)}$ 의 값이 상대도수야.

동전을 던진 횟수(번)	200	400	600	800	1000
앞면이 나온 횟수(번)	96	204	312	412	507
상대도수	0.48	0.51	0.52	0.515	0.507

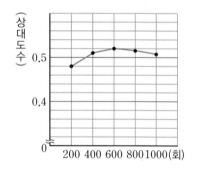

위의 그래프에서 다음을 알 수 있다.

> 동전을 던진 횟수가 많아질수록 상대도수는 일정한 값 0.5에 가까워진다.

이와 같이 동일한 조건에서 이루어지는 많은 횟수의 실험이나 관찰에서 어떤 사건이 일어나는 상대도수가 일정한 값에 가까워질 때, 이 일정한 값을 그 사건이 일어날 **확률**이라 한다.

따라서 동전 한 개를 던질 때, 앞면이 나올 확률은 0.5이다.

•• 사건이 일어나는 경우의 수를 이용하여 확률을 어떻게 구할까?

앞에서와 같이 상대도수를 이용하여 확률을 구하려면 많은 횟수의 실험이나 관찰을 해야한다는 어려움이 있다. 그런데 각 경우가 일어날 가능성이 같으면 다른 방법으로 확률을 구할 수 있다.

예를 들어 동전 한 개를 던질 때 나오는 경우는 앞면과 뒷면이므로 모든 경우의 수는 2이고, 앞면이 나오는 경우의 수는 1이다. 이때 각 면이 나올 가능성은 모두 같으므로 다음과같이 경우의 수를 이용하여 앞면이 나올 확률을 구할 수 있다.

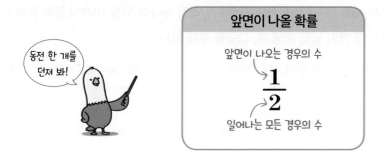

따라서 동전 한 개를 던져서 앞면이 나올 확률은 $\dfrac{1}{2}$ 이고 이 값은 앞에서 상대도수로 구한 확률과 같다. 또, 뒷면이 나올 확률도 $\dfrac{1}{2}$ 이다.

▶ 각각의 경우가 일어날 가능성이 모두 같다면 많은 횟수의 실험을 통해 상대도수를 이용하여 구한 확률과 경우의 수를 이용하여 구한 확률이 같아진다.

마찬가지로 주사위 한 개를 던질 때 나오는 경우는 1, 2, 3, 4, 5, 6의 눈이므로 모든 경우의 수는 6이고, 각 눈이 나오는 경우의 수는 1이다. 이때 각 눈이 나올 가능성은 모두 같으므로 다음과 같이 경우의 수를 이용하여 1의 눈이 나올 확률을 구할 수 있다.

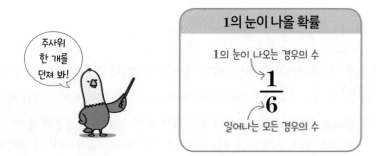

따라서 주사위 한 개를 던져서 1의 눈이 나올 확률은 $\dfrac{1}{6}$ 이고, 2, 3, 4, 5, 6의 눈이 나올 확률도 각각 $\dfrac{1}{6}$ 이다.

p는 확률을 뜻하는 probability의 첫 글자를 나타내.

일반적으로 어떤 실험이나 관찰에서 일어나는 모든 경우의 수가 n이고, 각 경우가 일어날 가능성이 모두 같을 때, 사건 A가 일어나는 경우의 수가 a이면 사건 A가 일어날 확률 p는 다음과 같다.

$$p = \frac{(\text{사건 } A\text{가 일어나는 경우의 수})}{(\text{일어나는 모든 경우의 수})} = \frac{a}{n}$$

❤️ 상자 속에 1부터 10까지의 자연수가 각각 하나씩 적힌 10개의 공이 들어 있다. 이 상자에서 한 개의 공을 꺼낼 때, 다음을 구해 보자.

(1) 홀수가 적힌 공이 나올 확률

> 모든 경우의 수는 ☐
> 공에 적힌 수가 홀수인 경우는 1, 3, 5, 7, 9의 ☐가지이므로
> 구하는 확률은 ☐ = ☐

(2) 3의 배수가 적힌 공이 나올 확률

> 모든 경우의 수는 ☐
> 공에 적힌 수가 3의 배수인 경우는 3, 6, 9의 ☐가지이므로
> 구하는 확률은 ☐

답 (1) $10, 5, \dfrac{5}{10}, \dfrac{1}{2}$ (2) $10, 3, \dfrac{3}{10}$

회색 글씨를 따라 쓰면서 개념을 정리해 보자!

꽉 잡아, 개념!

(1) **확률**: 동일한 조건에서 이루어지는 많은 횟수의 실험이나 관찰에서 어떤 사건이 일어나는 상대도수 가 일정한 값에 가까워질 때, 이 일정한 값을 그 사건이 일어날 확률이라 한다.

(2) **사건 A가 일어날 확률**: 어떤 실험이나 관찰에서 일어나는 모든 경우의 수가 n이고, 각 경우가 일어날 가능성이 모두 같을 때, 사건 A가 일어나는 경우의 수가 a이면 사건 A가 일어날 확률 p는 다음과 같다.

$$p = \frac{(\text{사건 } A\text{가 일어나는 경우의 수})}{(\text{일어나는 모든 경우의 수})} = \frac{a}{n}$$

 가방 속에 사과 주스가 3병, 포도 주스가 1병, 오렌지 주스가 5병 들어 있다. 이 가방에서 음료수를 한 병 꺼낼 때, 다음을 구하시오. (단, 음료수 병의 모양과 크기는 모두 같다.)

(1) 사과 주스가 나올 확률

(2) 포도 주스가 나올 확률

(3) 오렌지 주스가 나올 확률

✎ 풀이 모든 경우의 수는 $3+1+5=9$

(1) 사과 주스가 나올 확률은 $\dfrac{3}{9}=\dfrac{1}{3}$ (2) 포도 주스가 나올 확률은 $\dfrac{1}{9}$

(3) 오렌지 주스가 나올 확률은 $\dfrac{5}{9}$

目 (1) $\dfrac{1}{3}$ (2) $\dfrac{1}{9}$ (3) $\dfrac{5}{9}$

1-1 다음은 소연이네 반 학생 20명을 대상으로 가장 좋아하는 과목을 조사하여 나타낸 것이다. 소연이네 반 학생 중에서 한 명을 뽑을 때, 가장 좋아하는 과목이 수학인 학생이 뽑힐 확률을 구하시오.

과목	국어	영어	수학	사회	과학
학생 수(명)	2	3	4	6	5

 500원짜리 동전 한 개와 100원짜리 동전 한 개를 동시에 던질 때, 서로 다른 면이 나올 확률을 구하시오.

✎ 풀이 500원짜리 동전 한 개와 100원짜리 동전 한 개를 동시에 던질 때 나오는 모든 경우의 수는 $2 \times 2 = 4$

서로 다른 면이 나오는 경우는 (앞, 뒤), (뒤, 앞)의 2가지이므로 구하는 확률은 $\dfrac{2}{4}=\dfrac{1}{2}$

目 $\dfrac{1}{2}$

2-1 서로 다른 두 개의 주사위를 동시에 던질 때, 나오는 두 눈의 수의 합이 7일 확률을 구하시오.

3 1, 2, 3, 4, 5가 각각 하나씩 적힌 5장의 카드가 있다. 이 중에서 서로 다른 2장을 뽑아 두 자리 자연수를 만들 때, 두 자리 자연수가 홀수일 확률을 구하시오.

일의 자리에 올 수 있는 숫자를 먼저 생각해 봐.

✏️ **풀이** 모든 경우의 수는 $5 \times 4 = 20$

홀수이려면 일의 자리에 올 수 있는 숫자는 1, 3, 5의 3개,

십의 자리에 올 수 있는 숫자는 일의 자리의 숫자를 제외한 4개이다.

따라서 두 자리 자연수가 홀수인 경우의 수는 $3 \times 4 = 12$이므로 구하는 확률은 $\dfrac{12}{20} = \dfrac{3}{5}$

답 $\dfrac{3}{5}$

3-1 0, 1, 2, 3이 각각 하나씩 적힌 4장의 카드가 있다. 이 중에서 서로 다른 2장을 뽑아 만들 수 있는 모든 두 자리 자연수 중에서 한 개를 선택할 때, 그 수가 5의 배수일 확률을 구하시오.

도형에서의 확률은
$\dfrac{(\text{해당하는 부분의 넓이})}{(\text{도형 전체의 넓이})}$
임을 이용해.

4 오른쪽 그림과 같이 6등분한 원판을 한 번 돌린 후 멈추었을 때, 바늘이 색칠한 부분을 가리킬 확률을 구하시오.

(단, 바늘이 경계선을 가리키는 경우는 없다.)

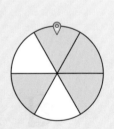

✏️ **풀이** 전체 6개의 칸 중에서 색칠한 칸이 4개이므로 구하는 확률은 $\dfrac{4}{6} = \dfrac{2}{3}$

답 $\dfrac{2}{3}$

4-1 오른쪽 그림과 같이 8등분한 원판에 1부터 8까지의 자연수가 각각 하나씩 적혀 있다. 원판을 한 번 돌린 후 멈추었을 때, 바늘이 6의 약수가 적힌 부분을 가리킬 확률을 구하시오.

(단, 바늘이 경계선을 가리키는 경우는 없다.)

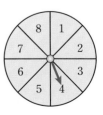

34
확률의 성질

* QR코드를 스캔하여 개념 영상을 확인하세요.

개념 영상

●● 확률에는 어떤 성질이 있을까?

1부터 10까지의 자연수가 각각 하나씩 적힌 10장의 카드 중에서 한 장을 뽑을 때, 다음과 같은 여러 가지 사건의 확률을 생각해 보자.

뽑은 카드에 적힌 수가 <u>10보다 큰 수</u>인 사건은 절대로 일어나지 않는 사건이고, 그 확률은 0이다. → 0가지

$$\frac{0}{10}=0$$

또, 뽑은 카드에 적힌 수가 <u>1 이상의 수</u>인 사건은 반드시 일어나는 사건이고, 그 확률은 1이다. → 1, 2, …, 10의 10가지

$$\frac{10}{10}=1$$

한편, 3의 배수가 적힌 카드는 3장이므로 뽑은 카드에 적힌 수가 3의 배수인 사건의 확률은 $\frac{3}{10}$이다.
→ 3, 6, 9의 3가지

$$\frac{3}{10}$$

이때 $\frac{3}{10}$과 같이 어떤 사건이 일어날 확률의 값의 범위는 절대로 일어나지 않을 확률 0과 반드시 일어날 확률 1 사이에 존재한다.

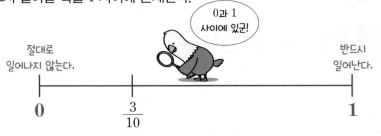

일반적으로 어떤 사건이 일어날 확률을 p라 하면

$$0 \le p \le 1$$

이다. 이상을 정리하면 다음과 같다.

> ❶ 어떤 사건이 일어날 확률을 p라 하면 $0 \le p \le 1$이다.
> ❷ 절대로 일어나지 않는 사건의 확률은 0이다.
> ❸ 반드시 일어나는 사건의 확률은 1이다.

✔ 모양과 크기가 같은 빨간 공 4개, 파란 공 3개가 들어 있는 상자에서 한 개의 공을 꺼낼 때, 다음을 구해 보자.

(1) 파란 공이 나올 확률　　　　　　　(2) 노란 공이 나올 확률
(3) 빨간 공 또는 파란 공이 나올 확률

🔒 (1) $\frac{3}{7}$　(2) 0　(3) 1

●● 사건 A가 일어날 확률이 p일 때, 사건 A가 일어나지 않을 확률은?

이제 어떤 사건이 일어나지 않을 확률을 구하는 방법을 알아보자.

1부터 10까지의 자연수가 각각 하나씩 적힌 10장의 카드 중에서 한 장의 카드를 뽑을 때, 그 카드에 적힌 수가 3의 배수일 확률과 3의 배수가 아닐 확률을 각각 구하여 그 관계를 알아보면 다음과 같다.

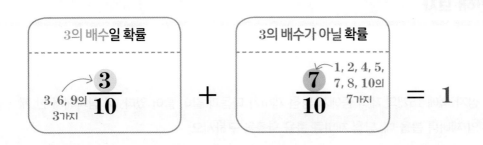

▶ 어떤 사건이 일어날 확률과 그 사건이 일어나지 않을 확률의 합은 1이다.

이때 $\frac{7}{10}=1-\frac{3}{10}$이므로

$$(3의\ 배수가\ 아닐\ 확률) = 1 - (3의\ 배수일\ 확률)$$

임을 알 수 있다. 즉, 다음이 성립한다.

> 사건 A가 일어날 확률이 p일 때,
> (사건 A가 일어나지 않을 확률) $= 1 - p$

▶ 일반적으로 '적어도 ~일 확률', '~가 아닐 확률', '~하지 못할 확률'과 같은 표현이 있으면 어떤 사건이 일어나지 않을 확률을 이용한다.

✔ 명중률이 $\frac{1}{3}$인 선수가 화살을 한 번 쏠 때, 명중하지 못할 확률을 구해 보자.

(명중하지 못할 확률) $=$ ☐ $-$ (명중할 확률) $=$ ☐

답 $1,\ \frac{2}{3}$

회색 글씨를 따라 쓰면서 개념을 정리해 보자!

꽉 잡아, 개념!

(1) 확률의 성질

① 어떤 사건이 일어날 확률을 p라 하면 $\boxed{0} \le p \le \boxed{1}$ 이다.

② 절대로 일어나지 않는 사건의 확률은 $\boxed{0}$ 이다.

③ 반드시 일어나는 사건의 확률은 $\boxed{1}$ 이다.

(2) 어떤 사건이 일어나지 않을 확률

사건 A가 일어날 확률이 p일 때,

(사건 A가 일어나지 않을 확률) $= \boxed{1} - p$

상자 속에
당첨 제비가 없으면
당첨 제비를 뽑을
수 없어.

1 상자 속에 15개의 제비 중에서 당첨 제비가 다음과 같이 들어 있다. 이 상자에서 한 개의 제비를 뽑을 때, 당첨 제비를 뽑을 확률을 구하시오.

(1) 당첨 제비가 3개인 경우

(2) 당첨 제비가 0개인 경우

(3) 당첨 제비가 15개인 경우

✏️ **풀이** (1) 상자 속에 당첨 제비가 3개 들어 있으므로 구하는 확률은 $\dfrac{3}{15}=\dfrac{1}{5}$

(2) 상자 속에 당첨 제비가 하나도 없으므로 구하는 확률은 0

(3) 상자 속의 모든 제비가 당첨 제비이므로 구하는 확률은 1

📋 (1) $\dfrac{1}{5}$ (2) 0 (3) 1

1-1 주머니 속에 딸기 맛 사탕 3개, 포도 맛 사탕 5개가 들어 있다. 이 주머니에서 한 개의 사탕을 꺼낼 때, 다음을 구하시오.

(1) 꺼낸 사탕이 포도 맛 사탕일 확률

(2) 꺼낸 사탕이 딸기 맛 또는 포도 맛 사탕일 확률

(3) 꺼낸 사탕이 사과 맛 사탕일 확률

1-2 서로 다른 두 개의 주사위를 동시에 던질 때, 다음을 구하시오.

(1) 나오는 두 눈의 수의 합이 1일 확률

(2) 나오는 두 눈의 수의 합이 6일 확률

(3) 나오는 두 눈의 수의 합이 12 이하일 확률

2 1부터 20까지의 자연수가 각각 하나씩 적힌 20장의 카드 중에서 한 장의 카드를 뽑을 때, 다음을 구하시오.

(1) 카드에 적힌 수가 소수일 확률

(2) 카드에 적힌 수가 소수가 아닐 확률

✎ **풀이** (1) 모든 경우의 수는 20

카드에 적힌 수가 소수인 경우는 2, 3, 5, 7, 11, 13, 17, 19의 8가지이므로 구하는 확률은 $\dfrac{8}{20}=\dfrac{2}{5}$

(2) (소수가 아닐 확률)$=1-$(소수일 확률)$=1-\dfrac{2}{5}=\dfrac{3}{5}$

🔖 (1) $\dfrac{2}{5}$ (2) $\dfrac{3}{5}$

2-1 A, B, C, D, E 5명을 한 줄로 세울 때, E가 맨 뒤에 서지 않을 확률을 구하시오.

3 서로 다른 세 개의 동전을 동시에 던질 때, 다음을 구하시오.

(1) 모두 앞면이 나올 확률

(2) 적어도 한 개는 뒷면이 나올 확률

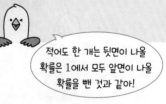

적어도 한 개는 뒷면이 나올 확률은 1에서 모두 앞면이 나올 확률을 뺀 것과 같아!

✎ **풀이** (1) 모든 경우의 수는 $2 \times 2 \times 2 = 8$

모두 앞면이 나오는 경우의 수는 1이므로 구하는 확률은 $\dfrac{1}{8}$

(2) (적어도 한 개는 뒷면이 나올 확률)$=1-$(모두 앞면이 나올 확률)$=1-\dfrac{1}{8}=\dfrac{7}{8}$

🔖 (1) $\dfrac{1}{8}$ (2) $\dfrac{7}{8}$

3-1 ○, ×로 답하는 4문제에 임의로 ○, × 중에서 하나를 골라 쓸 때, 적어도 한 문제는 맞힐 확률을 구하시오.

GO!!
시작해 보자~

12
확률의 계산

#또는 #~이거나
#동시에 #그리고
#다시 넣을 때 #조건이 같다
#다시 넣지 않을 때
#조건이 다르다

▶ 정답 및 풀이 19쪽

● 이 나라는 프랑스와 이탈리아 사이의 지중해에 위치하고 있으며 바티칸에 이어 세계에서 두 번째로 작은 나라로, 국명과 수도의 이름이 같다. 이 나라는 프랑스어를 사용하며 국화는 우리나라에서 가정의 달 5월의 꽃으로 잘 알려진 카네이션이다. 이 나라는 어디일까?

다음 확률의 값을 출발점으로 하여 길을 따라가서 이 나라를 알아보자.

> 동전 한 개를 두 번 던질 때, 앞면이 적어도 한 번 나올 확률

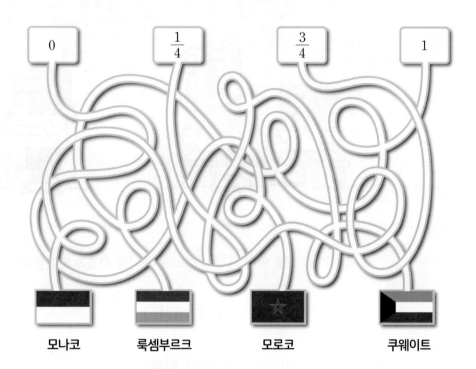

모나코   룩셈부르크   모로코   쿠웨이트

정답

35
사건 A 또는 사건 B가 일어날 확률

* QR코드를 스캔하여 개념 영상을 확인하세요.

●● 사건 A 또는 사건 B가 일어날 확률은 어떻게 구할까?

주사위 한 개를 던질 때, 2 이하의 눈이 나올 확률과 5 이상의 눈이 나올 확률은 각각

$$(2\ 이하의\ 눈이\ 나올\ 확률)=\frac{2}{6} \quad \leftarrow 1, 2의\ 2가지$$

$$(5\ 이상의\ 눈이\ 나올\ 확률)=\frac{2}{6} \quad \leftarrow 5, 6의\ 2가지$$

이다.

한편, 2 이하의 눈 또는 5 이상의 눈이 나오는 경우의 수는 $2+2=4$이므로

$$(2\ 이하의\ 눈\ 또는\ 5\ 이상의\ 눈이\ 나올\ 확률)=\frac{4}{6}$$

이다.

이때 $\frac{4}{6}=\frac{2}{6}+\frac{2}{6}$이므로 2 이하의 눈 또는 5 이상의 눈이 나올 확률은 다음과 같다.

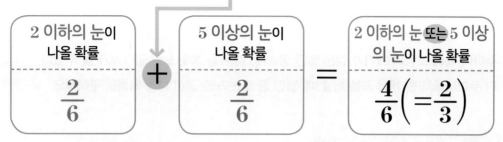

일반적으로 동시에 일어나지 않는 두 사건 A와 B에 대하여 사건 A 또는 사건 B가 일어날 확률은 각 사건이 일어날 확률을 더하여 구할 수 있다.

▶ 일반적으로 동시에 일어나지 않는 두 사건에 대하여 '또는', '~이거나'와 같은 표현이 있으면 각 사건의 확률을 더한다.

사건 A 또는 사건 B가 일어날 확률

→ (사건 A가 일어날 확률) $+$ (사건 B가 일어날 확률)

♥ 1부터 10까지의 자연수가 각각 하나씩 적힌 10장의 카드 중에서 한 장을 뽑을 때, 그 카드에 적힌 수가 3 이하 또는 7 이상일 확률을 구해 보자.

(3 이하 또는 7 이상일 확률)=(3 이하일 확률)+(7 이상일 확률)

$$=\frac{\square}{10}+\frac{\square}{5}=\boxed{}$$

답 $3, 2, \dfrac{7}{10}$

회색 글씨를 따라 쓰면서 개념을 정리해 보자!

꽉 잡아, 개념!

사건 A 또는 사건 B가 일어날 확률

동시에 일어나지 않는 두 사건 A와 B에 대하여 사건 A가 일어날 확률을 p, 사건 B가 일어날 확률을 q라 할 때,

(사건 A 또는 사건 B가 일어날 확률)$=\boxed{p+q}$

▶ 정답 및 풀이 19쪽

 주머니 속에 모양과 크기가 같은 빨간 공 2개, 검은 공 3개, 노란 공 4개가 들어 있다. 이 주머니에서 한 개의 공을 꺼낼 때, 빨간 공 또는 노란 공이 나올 확률을 구하시오.

문제에 '또는' 이라는 말이 있으니까 두 사건의 확률을 더해.

✏️ **풀이** 전체 공의 수는 $2+3+4=9$

빨간 공이 나오는 경우의 수는 2이므로 그 확률은 $\dfrac{2}{9}$, 노란 공이 나오는 경우의 수는 4이므로 그 확률은 $\dfrac{4}{9}$

따라서 구하는 확률은 $\dfrac{2}{9}+\dfrac{4}{9}=\dfrac{2}{3}$

답 $\dfrac{2}{3}$

1-1 다음 표는 승우네 반 전체 학생들의 혈액형을 조사하여 나타낸 것이다. 승우네 반 학생 중에서 한 명을 선택할 때, 그 학생이 A형 또는 AB형일 확률을 구하시오.

혈액형	A형	B형	O형	AB형
학생 수(명)	5	7	5	3

2 서로 다른 두 개의 주사위를 동시에 던질 때, 나오는 두 눈의 수의 합이 3 또는 6일 확률을 구하시오.

✏️ **풀이** 모든 경우의 수는 $6\times6=36$

두 눈의 수의 합이 3인 경우는 $(1, 2)$, $(2, 1)$의 2가지이므로 그 확률은 $\dfrac{2}{36}=\dfrac{1}{18}$

두 눈의 수의 합이 6인 경우는 $(1, 5)$, $(2, 4)$, $(3, 3)$, $(4, 2)$, $(5, 1)$의 5가지이므로 그 확률은 $\dfrac{5}{36}$

따라서 구하는 확률은 $\dfrac{1}{18}+\dfrac{5}{36}=\dfrac{7}{36}$

답 $\dfrac{7}{36}$

2-1 1, 2, 3, 4가 각각 하나씩 적힌 4장의 카드 중에서 서로 다른 2장을 뽑아 두 자리 자연수를 만들 때, 그 수가 14 이하 또는 34 이상일 확률을 구하시오.

36

두 사건 A와 B가 동시에 일어날 확률

* QR코드를 스캔하여 개념 영상을 확인하세요.

●•두 사건 A와 B가 동시에 일어날 확률은 어떻게 구할까?

위의 상황에서 치즈피자를 고를 확률과 콜라를 고를 확률은 각각

$$(\text{치즈피자를 고를 확률}) = \frac{1}{3}, \quad (\text{콜라를 고를 확률}) = \frac{1}{2}$$

↑ 고구마피자, 불고기피자, 치즈피자의 3가지   ↑ 콜라, 사이다의 2가지

이다.

한편, 피자와 음료수를 각각 한 가지씩 고르는 모든 경우의 수는 오른쪽 그림과 같이 $3 \times 2 = 6$이므로

$$(\text{치즈피자와 콜라를 고를 확률}) = \frac{1}{6}$$

이다.

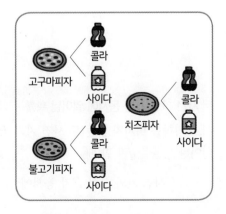

▶ 두 사건 A와 B가 동시에 일어난다는 것은 두 사건 A와 B가 같은 시간에 일어나는 것만을 뜻하는 것이 아니라 사건 A가 일어나는 각 경우에 대하여 사건 B가 일어난다는 뜻이다.

이때 $\frac{1}{6}=\frac{1}{3}\times\frac{1}{2}$이므로 치즈피자와 콜라를 고를 확률은 다음과 같다.

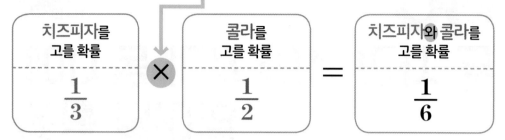

치즈피자를 고를 확률 $\dfrac{1}{3}$	×	콜라를 고를 확률 $\dfrac{1}{2}$	=	치즈피자와 콜라를 고를 확률 $\dfrac{1}{6}$

▶ 일반적으로 서로 영향을 미치지 않는 두 사건에 대하여 '동시에', '그리고', '~와', '~하고 나서'와 같은 표현이 있으면 두 사건의 확률을 곱한다.

일반적으로 서로 영향을 미치지 않는 두 사건 A와 B에 대하여 두 사건 A와 B가 동시에 일어날 확률은 각 사건이 일어날 확률을 곱하여 구할 수 있다.

> 두 사건 A와 B가 **동시에** 일어날 확률
> → (사건 A가 일어날 확률) ✕ (사건 B가 일어날 확률)

동전 한 개와 주사위 한 개를 동시에 던질 때, 동전은 뒷면이 나오고 주사위는 3의 눈이 나올 확률을 구해 보자.

> (동전은 뒷면이 나오고 주사위는 3의 눈이 나올 확률)
> =(동전의 뒷면이 나올 확률)×(주사위의 3의 눈이 나올 확률)
> =☐×☐=☐

답 $\dfrac{1}{2}$, $\dfrac{1}{6}$, $\dfrac{1}{12}$

회색 글씨를 따라 쓰면서 개념을 정리해 보자!

꽉 잡아, 개념!

두 사건 A와 B가 동시에 일어날 확률
서로 영향을 미치지 않는 두 사건 A와 B에 대하여 사건 A가 일어날 확률을 p, 사건 B가 일어날 확률을 q라 할 때,

(두 사건 A와 사건 B가 동시에 일어날 확률)= $\boxed{p\times q}$

▶ 정답 및 풀이 19쪽

1 두 개의 주사위 A, B를 동시에 던질 때, 주사위 A에서는 홀수의 눈이 나오고 주사위 B에서는 3의 배수의 눈이 나올 확률을 구하시오.

> 문제에 '동시에' 라는 말이 있으니까 두 사건의 확률을 곱해.

✎ **풀이** 주사위 A에서 홀수의 눈이 나오는 경우는 1, 3, 5의 3가지이므로

그 확률은 $\dfrac{3}{6} = \dfrac{1}{2}$

주사위 B에서 3의 배수의 눈이 나오는 경우는 3, 6의 2가지이므로 그 확률은 $\dfrac{2}{6} = \dfrac{1}{3}$

따라서 구하는 확률은 $\dfrac{1}{2} \times \dfrac{1}{3} = \dfrac{1}{6}$

답 $\dfrac{1}{6}$

1-1 주머니 A에는 모양과 크기가 같은 흰 공 4개, 검은 공 3개가 들어 있고, 주머니 B에는 모양과 크기가 같은 흰 공 2개, 검은 공 5개가 들어 있다. 두 주머니에서 각각 공을 한 개씩 꺼낼 때, 주머니 A에서 흰 공이 나오고, 주머니 B에서 검은 공이 나올 확률을 구하시오.

2 토요일에 비가 올 확률이 $\dfrac{1}{4}$이고 일요일에 비가 올 확률이 $\dfrac{3}{7}$일 때, 토요일과 일요일 모두 비가 오지 않을 확률을 구하시오.

(비가 오지 않을 확률) =1−(비가 올 확률)

✎ **풀이** 토요일에 비가 오지 않을 확률은 $1 - \dfrac{1}{4} = \dfrac{3}{4}$

일요일에 비가 오지 않을 확률은 $1 - \dfrac{3}{7} = \dfrac{4}{7}$

따라서 구하는 확률은 $\dfrac{3}{4} \times \dfrac{4}{7} = \dfrac{3}{7}$

답 $\dfrac{3}{7}$

2-1 어느 시험에서 선주와 영호가 합격할 확률이 각각 $\dfrac{2}{5}$, $\dfrac{1}{3}$일 때, 두 사람 중 적어도 한 사람은 합격할 확률을 구하시오.

37 연속하여 꺼내는 경우의 확률

••2개의 공을 연속하여 꺼내는 경우의 확률을 구해 볼까?

난 빨간 공 1개를 꺼냈어!

나도 빨간 공 1개를 꺼내고 싶은데······.

내가 꺼낸 이 공을 다시 넣지 않으면 네가 빨간 공을 꺼낼 확률은 달라지지!

아! 전체 공의 개수가 한 개 적어지니까?

위의 상황과 같이 빨간 공 4개, 파란 공 1개가 들어 있는 주머니에서 연속하여 공을 한 개씩 두 번 꺼낼 때, 두 번 모두 빨간 공을 꺼낼 확률을

꺼낸 공을 다시 넣는 경우,   꺼낸 공을 다시 넣지 않는 경우

로 나누어 구해 보자.

1 꺼낸 공을 다시 넣는 경우

처음에 꺼낸 공을 다시 꺼낼 수 있으므로 처음과 나중의 조건이 같다.

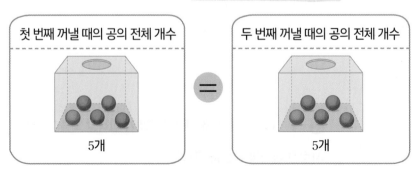

첫 번째 꺼낼 때의 공의 전체 개수

5개

=

두 번째 꺼낼 때의 공의 전체 개수

5개

즉, 첫 번째에 빨간 공을 꺼낼 확률과 두 번째에 빨간 공을 꺼낼 확률은 각각

$$(\text{첫 번째에 빨간 공을 꺼낼 확률})=\frac{4}{5}, \quad (\text{두 번째에 빨간 공을 꺼낼 확률})=\frac{4}{5}$$

처음의 사건이
나중의 사건에
영향을 주지 않아서
확률이 같아.

이다.

두 번째에도
5개 중에서 꺼낸다.

따라서 두 번 모두 빨간 공을 꺼낼 확률은 다음과 같다.

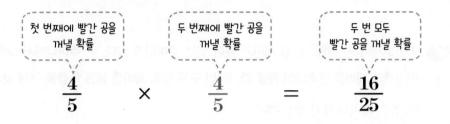

| 첫 번째에 빨간 공을 꺼낼 확률 | 두 번째에 빨간 공을 꺼낼 확률 | 두 번 모두 빨간 공을 꺼낼 확률 |

$$\frac{4}{5} \quad \times \quad \frac{4}{5} \quad = \quad \frac{16}{25}$$

▶ 연속하여 꺼내는 경우
의 확률은 두 사건이 동
시에 일어나므로 두 사건
의 확률을 각각 구하여
곱한다.

2 꺼낸 공을 다시 넣지 않는 경우

처음에 꺼낸 공을 다시 꺼낼 수 없으므로 처음과 나중의 조건이 다르다.

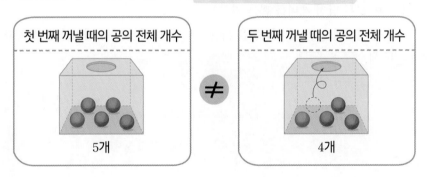

| 첫 번째 꺼낼 때의 공의 전체 개수 | 두 번째 꺼낼 때의 공의 전체 개수 |
| 5개 | ≠ | 4개 |

즉, 첫 번째에 빨간 공을 꺼낼 확률과 두 번째에 빨간 공을 꺼낼 확률은 각각

$$(\text{첫 번째에 빨간 공을 꺼낼 확률})=\frac{4}{5}, \quad (\text{두 번째에 빨간 공을 꺼낼 확률})=\frac{3}{4}$$

처음의 사건이
나중의 사건에
영향을 주어서
확률이 달라.

이다.

두 번째에는
4개 중에서 꺼낸다.

따라서 두 번 모두 빨간 공을 꺼낼 확률은 다음과 같다.

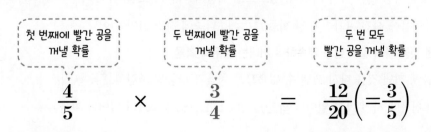

| 첫 번째에 빨간 공을 꺼낼 확률 | 두 번째에 빨간 공을 꺼낼 확률 | 두 번 모두 빨간 공을 꺼낼 확률 |

$$\frac{4}{5} \quad \times \quad \frac{3}{4} \quad = \quad \frac{12}{20}\left(=\frac{3}{5}\right)$$

이상을 정리하면 다음과 같다.

꺼낸 것을 **다시 넣을 때** → (처음의 조건) ＝ (나중의 조건)
꺼낸 것을 **다시 넣지 않을 때** → (처음의 조건) ≠ (나중의 조건)

9개의 제비 중 4개의 당첨 제비가 들어 있는 주머니가 있다. 이 주머니에서 다음과 같이 2개의 제비를 연속하여 뽑을 때, 두 번 모두 당첨 제비를 뽑을 확률을 구해 보자.

(1) 뽑은 제비를 다시 넣는 경우

　(두 번 모두 당첨 제비를 뽑을 확률)

　＝(첫 번째에 당첨 제비를 뽑을 확률)×(두 번째에 당첨 제비를 뽑을 확률)

　＝$\boxed{}$×$\boxed{}$＝$\boxed{}$

(2) 뽑은 제비를 다시 넣지 않는 경우

　(두 번 모두 당첨 제비를 뽑을 확률)

　＝(첫 번째에 당첨 제비를 뽑을 확률)×(두 번째에 당첨 제비를 뽑을 확률)

　＝$\boxed{}$×$\boxed{}$＝$\boxed{}$

🖹 (1) $\dfrac{4}{9}$, $\dfrac{4}{9}$, $\dfrac{16}{81}$　(2) $\dfrac{4}{9}$, $\dfrac{3}{8}$, $\dfrac{1}{6}$

회색 글씨를
따라 쓰면서
개념을 정리해 보자!

꽉 잡아, 개념!

(1) **꺼낸 것을 다시 넣고 연속하여 꺼내는 경우의 확률**

　처음에 꺼낸 것을 다시 꺼낼 수 있으므로 처음과 나중의 조건이 $\boxed{같다}$.

　➡ (처음에 사건 A가 일어날 확률) $\boxed{=}$ (나중에 사건 A가 일어날 확률)

(2) **꺼낸 것을 다시 넣지 않고 연속하여 꺼내는 경우의 확률**

　처음에 꺼낸 것을 다시 꺼낼 수 없으므로 처음과 나중의 조건이 $\boxed{다르다}$.

　➡ (처음에 사건 A가 일어날 확률) $\boxed{\neq}$ (나중에 사건 A가 일어날 확률)

▶ 정답 및 풀이 19쪽

1 주머니 속에 모양과 크기가 같은 흰 공 5개, 검은 공 2개가 들어 있다. 이 주머니에서 한 개의 공을 꺼내 확인하고 다시 넣은 후 한 개의 공을 또 꺼낼 때, 첫 번째에는 흰 공이 나오고, 두 번째에는 검은 공이 나올 확률을 구하시오.

처음과 나중의 공의 전체 개수가 같아.

✎ **풀이** 첫 번째에 흰 공이 나올 확률은 $\dfrac{5}{7}$, 두 번째에 검은 공이 나올 확률은 $\dfrac{2}{7}$

따라서 구하는 확률은 $\dfrac{5}{7} \times \dfrac{2}{7} = \dfrac{10}{49}$

답 $\dfrac{10}{49}$

1-1 1, 2, 3, 4, 5가 각각 하나씩 적힌 5장의 카드 중에서 한 장을 뽑아 숫자를 확인하고 다시 넣은 후 한 장을 또 뽑을 때, 두 번 모두 짝수가 적힌 카드가 나올 확률을 구하시오.

2 상자 속에 딸기 맛 사탕 3개, 레몬 맛 사탕 7개가 들어 있다. 이 상자에서 2개의 사탕을 연속하여 꺼낼 때, 첫 번째에는 딸기 맛 사탕이 나오고, 두 번째에는 레몬 맛 사탕이 나올 확률을 구하시오. (단, 꺼낸 사탕은 다시 넣지 않는다.)

✎ **풀이** 첫 번째에 딸기 맛 사탕이 나올 확률은 $\dfrac{3}{10}$

두 번째에 레몬 맛 사탕이 나올 확률은 $\dfrac{7}{9}$

따라서 구하는 확률은 $\dfrac{3}{10} \times \dfrac{7}{9} = \dfrac{7}{30}$

처음과 나중의 사탕의 전체 개수가 달라.

답 $\dfrac{7}{30}$

2-1 50개의 장난감 중 8개의 불량품이 섞여 있는 상자가 있다. 이 상자에서 2개의 장난감을 연속하여 꺼낼 때, 2개 모두 불량품일 확률을 구하시오.

(단, 꺼낸 장난감은 다시 넣지 않는다.)

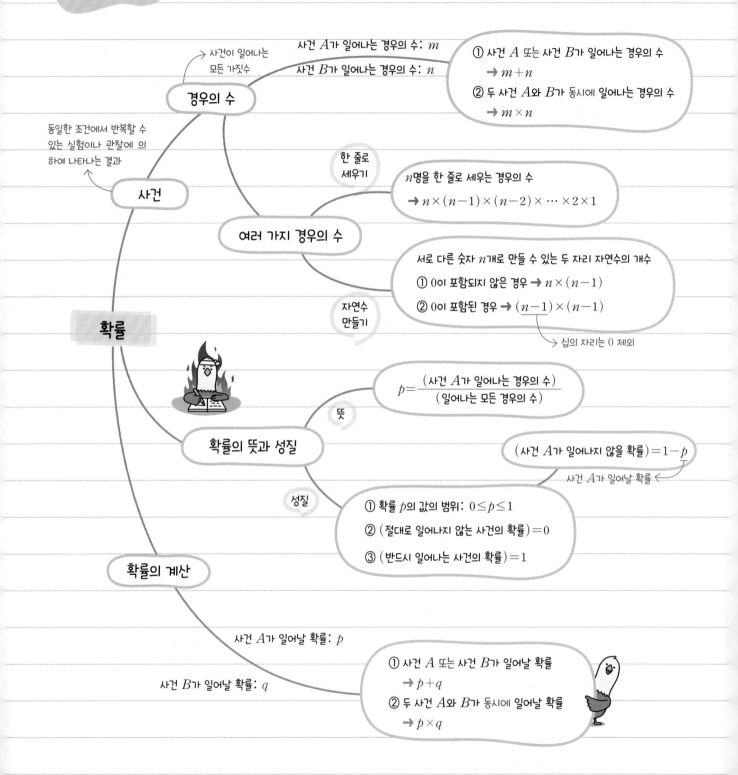

사건이 일어나는
모든 가짓수

경우의 수

사건 A가 일어나는 경우의 수: m

사건 B가 일어나는 경우의 수: n

① 사건 A 또는 사건 B가 일어나는 경우의 수
→ $m+n$

② 두 사건 A와 B가 동시에 일어나는 경우의 수
→ $m \times n$

동일한 조건에서 반복할 수
있는 실험이나 관찰에 의
하여 나타나는 결과

사건

여러 가지 경우의 수

한 줄로
세우기

n명을 한 줄로 세우는 경우의 수
→ $n \times (n-1) \times (n-2) \times \cdots \times 2 \times 1$

서로 다른 숫자 n개로 만들 수 있는 두 자리 자연수의 개수
① 0이 포함되지 않은 경우 → $n \times (n-1)$
② 0이 포함된 경우 → $(n-1) \times (n-1)$

자연수
만들기

십의 자리는 0 제외

확률

확률의 뜻과 성질

뜻

$p=\dfrac{(\text{사건 } A\text{가 일어나는 경우의 수})}{(\text{일어나는 모든 경우의 수})}$

$(\text{사건 } A\text{가 일어나지 않을 확률})=1-p$

사건 A가 일어날 확률

성질

① 확률 p의 값의 범위: $0 \le p \le 1$
② (절대로 일어나지 않는 사건의 확률) $=0$
③ (반드시 일어나는 사건의 확률) $=1$

확률의 계산

사건 A가 일어날 확률: p

사건 B가 일어날 확률: q

① 사건 A 또는 사건 B가 일어날 확률
→ $p+q$
② 두 사건 A와 B가 동시에 일어날 확률
→ $p \times q$

1 상자 속에 1부터 25까지의 자연수가 하나씩 적힌 25개의 공이 들어 있다. 이 상자에서 한 개의 공을 꺼낼 때, 소수가 나오는 경우의 수를 구하시오.

2 보라는 50원짜리 동전과 100원짜리 동전을 각각 11개씩 가지고 있다. 이 동전을 사용하여 550원을 지불하는 경우의 수를 구하시오.

3 서로 다른 두 개의 주사위를 동시에 던질 때, 나오는 두 눈의 수의 합이 9 또는 10인 경우의 수를 구하시오.

4 어느 산의 입구부터 정상까지의 등산로는 9가지가 있다. 선아가 등산로를 따라 정상까지 올라갔다가 내려올 때, 올라갈 때와 다른 길을 선택하여 내려오는 경우의 수는?

① 72   ② 81   ③ 90
④ 99   ⑤ 108

5 각 면에 1부터 12까지의 자연수가 각각 하나씩 적힌 정십이면체 모양의 주사위를 두 번 던질 때, 바닥에 오는 면에 적힌 첫 번째에는 7의 약수가 나오고, 두 번째에는 3의 배수가 나오는 경우의 수는?

① 4   ② 6   ③ 8
④ 10   ⑤ 12

6 미술 전람회가 A관, B관, C관, D관, E관에서 나누어 열리고 있다. 5개의 관 중 2개의 관을 골라 둘러 보는 순서를 정하는 경우의 수는?

① 4   ② 5   ③ 20

④ 25   ⑤ 40

7 4, 5, 6, 7, 8의 숫자가 각각 하나씩 적힌 5장의 카드 중에서 2장을 뽑아 만들 수 있는 두 자리 자연수 중 짝수의 개수는?

① 8   ② 10   ③ 12

④ 14   ⑤ 16

8 0, 1, 2, 3, 4, 5, 6의 숫자가 각각 하나씩 적힌 7장의 카드 중 3장을 뽑아 세 자리 자연수를 만들 때, 5의 배수의 개수를 구하시오.

9 서로 다른 두 개의 주사위를 동시에 던질 때, 나오는 두 눈의 수의 합이 2일 확률은?

① $\dfrac{1}{36}$ ② $\dfrac{1}{18}$ ③ $\dfrac{1}{12}$

④ $\dfrac{1}{9}$ ⑤ $\dfrac{5}{36}$

10 4, 5, 6, 8의 숫자가 각각 하나씩 적힌 4장의 카드 중 2장을 뽑아 두 자리 자연수를 만들 때, 그 수가 65보다 클 확률은?

① $\dfrac{1}{6}$ ② $\dfrac{1}{4}$ ③ $\dfrac{1}{3}$

④ $\dfrac{5}{12}$ ⑤ $\dfrac{1}{2}$

11 주머니 속에 1부터 10까지의 자연수가 각각 하나씩 적힌 10개의 구슬이 들어 있다. 이 주머니에서 한 개의 구슬을 꺼낼 때, 다음 중 옳지 <u>않은</u> 것은?

① 1이 적힌 구슬이 나올 확률은 $\dfrac{1}{10}$이다.

② 0이 적힌 구슬이 나올 확률은 0이다.

③ 10 이하의 수가 적힌 구슬이 나올 확률은 $\dfrac{9}{10}$이다.

④ 10 이상의 수가 적힌 구슬이 나올 확률은 $\dfrac{1}{10}$이다.

⑤ 4의 배수가 적힌 구슬이 나올 확률과 5의 배수가 적힌 구슬이 나올 확률은 같다.

12 어느 상점에서는 일정 시간 동안 입장한 고객 100명에게 경품 추첨권을 한 장씩 나누어 주었는데, 이 중에 경품을 받을 수 있는 추첨권은 75개만 있다고 한다. 지영이가 경품 추첨권 한장을 임의로 받았을 때, 경품을 받지 못할 확률은?

① $\dfrac{1}{5}$ ② $\dfrac{1}{4}$ ③ $\dfrac{1}{2}$

④ $\dfrac{3}{4}$ ⑤ $\dfrac{4}{5}$

13 오른쪽 그림은 어느 해 10월 달력이다. 이 달력에서 임의로 어느 한 날을 선택한다고 할 때, 월요일 또는 목요일을 선택할 확률은?

10월						
일	월	화	수	목	금	토
						1
2	3	4	5	6	7	8
9	10	11	12	13	14	15
16	17	18	19	20	21	22
23	24	25	26	27	28	29
30	31					

① $\dfrac{9}{31}$ ② $\dfrac{11}{31}$

③ $\dfrac{13}{31}$ ④ $\dfrac{15}{31}$

⑤ $\dfrac{20}{31}$

14 오른쪽 그림과 같은 전기회로에서 A, B 두 스위치가 닫힐 확률이 각각 $\dfrac{1}{4}$, $\dfrac{1}{6}$일 때, 전구에 불이 들어올 확률은?

A   B

① $\dfrac{1}{3}$ ② $\dfrac{1}{6}$

③ $\dfrac{1}{8}$ ④ $\dfrac{1}{12}$

⑤ $\dfrac{1}{24}$

15 12개의 제비 중에 당첨 제비가 3개 들어 있다. 희은이가 제비 한 개를 뽑아 확인하고 다시 넣은 후 은영이가 제비 한 개를 뽑을 때, 희은이는 당첨 제비를 뽑고 은영이는 당첨 제비를 뽑지 않을 확률은?

① $\dfrac{3}{16}$ ② $\dfrac{3}{8}$ ③ $\dfrac{3}{4}$

④ $\dfrac{13}{16}$ ⑤ $\dfrac{15}{16}$

16 1부터 11까지의 자연수가 각각 하나씩 적힌 11장의 카드 중에서 연속하여 한 장씩 2장의 카드를 뽑을 때, 적어도 한 장은 짝수가 적힌 카드가 나올 확률을 구하면? (단, 뽑은 카드는 다시 넣지 않는다.)

① $\dfrac{7}{11}$ ② $\dfrac{15}{22}$ ③ $\dfrac{8}{11}$

④ $\dfrac{17}{22}$ ⑤ $\dfrac{9}{11}$

활동지 | II. 사각형의 성질 → 53쪽

※ 날카로운 도구를 사용할 때는 주의하세요.

활동지 **Ⅱ.** 사각형의 성질 　○ 53쪽

활동지 **Ⅲ.** 도형의 닮음 　○ 142쪽

※ 날카로운 도구를 사용할 때는 주의하세요.

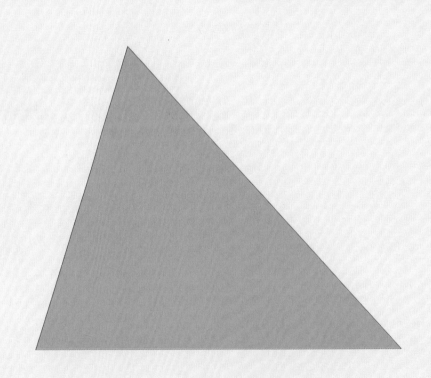

중등 도서안내

비주얼 개념서

룩

이미지 연상으로 필수 개념을 쉽게 익히는 비주얼 개념서

국어 문학, 독서, 문법
영어 품사, 문법, 구문
수학 1(상), 1(하), 2(상), 2(하), 3(상), 3(하)
사회 ①, ②
역사 ①, ②
과학 1, 2, 3

필수 개념서

올리드

자세하고 쉬운 개념,
시험을 대비하는 특별한 비법이 한가득!

국어 1-1, 1-2, 2-1, 2-2, 3-1, 3-2
영어 1-1, 1-2, 2-1, 2-2, 3-1, 3-2
수학 1(상), 1(하), 2(상), 2(하), 3(상), 3(하)
사회 ①-1, ①-2, ②-1, ②-2
역사 ①-1, ①-2, ②-1, ②-2
과학 1-1, 1-2, 2-1, 2-2, 3-1, 3-2

* 국어, 영어는 미래엔 교과서 관련 도서입니다.

국어 독해·어휘 훈련서

깨독
깨우자 독해력

수능 국어 독해의 자신감을 깨우는 단계별 훈련서

독해 0_준비편, 1_기본편, 2_실력편, 3_수능편
어휘 1_종합편, 2_수능편

영문법 기본서

GRAMMAR BITE

중학교 핵심 필수 문법 공략, 내신·서술형·수능까지 한 번에!

문법 PREP
      Grade 1, Grade 2, Grade 3
      SUM

영어 독해 기본서

READING BITE

끊어 읽으며 직독직해하는 중학 독해의 자신감!

독해 PREP
      Grade 1, Grade 2, Grade 3
      PLUS 수능

영어 어휘 필독서

word BITE

중학교 전 학년 영어 교과서 분석, 빈출 핵심 어휘 단계별 집중!

어휘 핵심동사 561
      중등필수 1500
      중등심화 1200

술술 읽으며 개념 잡는

개념수다

정답 및 풀이

4

중등 수학 2 (하)

중등 수학 2 (하)

정답 및 풀이

I. 삼각형의 성질

❶ 이등변삼각형

❶ $\angle x = 180° - (100° + 35°) = 45°$ ⇨ 퇴계

❷ $\angle x = 50° + 30° = 80°$ ⇨ 도마

❸ $\angle x = 130° - 60° = 70°$ ⇨ 백범

답 **❶** 퇴계 **❷** 도마 **❸** 백범

01 이등변삼각형의 뜻과 성질   13쪽

❶-1 답 $82°$

△ABC가 $\overline{AB} = \overline{AC}$인 이등변삼각형이므로

$\angle C = \angle B = 41°$

$\therefore \angle x = 41° + 41° = 82°$

❷-1 답 $x = 8, y = 38$

$\overline{BC} = 2\overline{BD} = 2 \times 4 = 8(\text{cm})$

$\therefore x = 8$

$\angle ADC = 90°$이므로 △ADC에서

$\angle DAC = 180° - (90° + 52°) = 38°$

$\angle DAB = \angle DAC = 38°$

$\therefore y = 38$

❸-1 답 $33°$

△ABC에서 $\overline{AB} = \overline{AC}$이므로

$\angle ABC = \dfrac{1}{2} \times (180° - 38°) = 71°$

△DAB에서 $\overline{DA} = \overline{DB}$이므로

$\angle DBA = \angle A = 38°$

$\therefore \angle x = \angle ABC - \angle DBA = 71° - 38° = 33°$

❸-2 답 $47°$

△DAB에서 $\overline{DA} = \overline{DB}$이므로

$\angle DAB = \angle B = 43°$

$\therefore \angle ADC = 43° + 43° = 86°$

△DCA에서 $\overline{DA} = \overline{DC}$이므로

$\angle x = \dfrac{1}{2} \times (180° - 86°) = 47°$

02 이등변삼각형이 되는 조건   17쪽

❶-1 답 10 cm

$\angle ACB = 180° - 124° = 56°$

△ABC에서 $\angle A = 124° - 68° = 56°$

$\angle ACB = \angle A$이므로

$\overline{AB} = \overline{BC} = 10$ cm

❷-1 답 6 cm

△ADC에서 $\angle A = \angle ACD$이므로

$\overline{DC} = \overline{DA} = 6$ cm

△ABC에서

$\angle B = 180° - (55° + 55° + 35°) = 35°$

△DBC에서 $\angle B = \angle DCB$이므로

$\overline{DB} = \overline{DC} = 6$ cm

❷ 직각삼각형의 합동 조건

(1) 대응하는 두 변의 길이가 각각 같고, 그 끼인각의 크기가 같으므로 서로 합동이다. (◯) ⇨ 죽

(2) 대응하는 세 변의 길이가 각각 같지 않으므로 서로 합동이 아니다. (✕) ⇨ 마

(3) 대응하는 한 변의 길이는 같지만 그 양 끝 각의 크기가 다르므로 서로 합동이 아니다. (✕) ⇨ 고

(4) 대응하는 한 변의 길이가 같고, 그 양 끝 각의 크기가 각각 같으므로 서로 합동이다. (◯) ⇨ 우

따라서 구하는 사자성어는 '죽마고우'이다.

답 죽마고우

03 직각삼각형의 합동 조건   23쪽

❶-1 답 5 cm

△ABC에서 $\angle A = 180° - (90° + 60°) = 30°$

△ABC와 △DEF에서

$\angle B = \angle E = 90°$, $\overline{AC} = \overline{DF}$, $\angle A = \angle D$

이므로 △ABC ≡ △DEF (RHA 합동)

$\therefore \overline{EF} = \overline{BC} = 5$ cm

1-2 답 35°

△ABC와 △DEF에서

∠B=∠E=90°, $\overline{AC}=\overline{DF}$, $\overline{AB}=\overline{DE}$

이므로 △ABC≡△DEF (RHS 합동)

∴ ∠F=∠C=180°−(90°+55°)=35°

04 각의 이등분선의 성질 ·········· 27쪽

1-1 답 20°

△DBE와 △DBC에서

∠DEB=∠DCB=90°, $\overline{DB}$는 공통, $\overline{DE}=\overline{DC}$

이므로 △DBE≡△DBC (RHS 합동)

∴ ∠EDB=∠CDB=70°

△DBE에서

∠x=180°−(90°+70°)=20°

1-2 답 25°

△ABC에서

∠ABC=180°−(90°+40°)=50°

△DBA와 △DBE에서

∠DAB=∠DEB=90°, $\overline{DB}$는 공통, $\overline{DA}=\overline{DE}$

이므로 △DBA≡△DBE (RHS 합동)

따라서 △DBA=△DBE이므로

∠x=$\frac{1}{2}$∠ABC=$\frac{1}{2}$×50°=25°

③ 삼각형의 외심과 내심

준비 해 보자 ·········· 29쪽

(1) $\overline{AB}$의 수직이등분선 위의 한 점 P에서 두 점 A, B에 이르는
거리는 같으므로 x=5 ⇨ 미

(2) 각의 이등분선 위의 한 점 P에서 그 각을 이루는 두 변까지의
거리는 같으므로 x=7 ⇨ 래

따라서 구하는 단어는 '미래'이다.

답 미래

05 삼각형의 외심 ·········· 34~35쪽

1-1 답 30°

△OBC에서 $\overline{OB}=\overline{OC}$이므로

∠x=$\frac{1}{2}$×(180°−120°)=30°

1-2 답 9 cm

점 O가 직각삼각형 ABC의 외심이므로

$\overline{OC}=\overline{OA}=\overline{OB}$

$\quad=\frac{1}{2}\overline{AB}=\frac{1}{2}×18=9$(cm)

2-1 답 39°

△OAB에서 $\overline{OA}=\overline{OB}$이므로

∠OAB=$\frac{1}{2}$×(180°−128°)=26°

∠OAB+∠OBC+∠OCA=90°이므로

26°+25°+∠x=90°

∴ ∠x=39°

다른 풀이 $\overline{OB}=\overline{OC}$이므로 ∠OCB=∠OBC=25°

∠ACB=$\frac{1}{2}$∠AOB=$\frac{1}{2}$×128°=64°

∴ ∠x=∠ACB−∠OCB=64°−25°=39°

3-1 답 28°

∠BOC=2∠A=2×62°=124°

△OBC에서 $\overline{OB}=\overline{OC}$이므로

∠x=$\frac{1}{2}$×(180°−124°)=28°

06 삼각형의 내심 ·········· 40~41쪽

1-1 답 124°

∠IBC=∠IBA=26°, ∠ICB=∠ICA=30°이므로

△IBC에서

∠x=180°−(26°+30°)=124°

1-2 답 27°

△ABC가 이등변삼각형이므로

∠ABC=$\frac{1}{2}$×(180°−72°)=54°

점 I가 △ABC의 내심이므로

∠x=$\frac{1}{2}$∠ABC=$\frac{1}{2}$×54°=27°

2-1 답 **34°**

$\angle IAB + \angle IBC + \angle ICA = 90°$이므로

$33° + 40° + \angle ICA = 90°$ $\therefore \angle ICA = 17°$

$\therefore \angle ACB = 2\angle ICA = 2 \times 17° = 34°$

3-1 답 **32°**

$\angle BAC = 2\angle IAC = 2\angle x$이고

$\angle BIC = 90° + \dfrac{1}{2}\angle BAC$이므로

$122° = 90° + \dfrac{1}{2} \times 2\angle x$ $\therefore \angle x = 32°$

문제를 **풀어 보자** GoGo!

44~47쪽

1 ③	**2** 42°	**3** 50 cm²	**4** ③
5 58°	**6** ③	**7** 27	**8** ①
9 ③	**10** 134°	**11** ⑤	**12** ③
13 20°	**14** 38°	**15** 26°	**16** ①

1 $\triangle ABC$에서 $\overline{AC} = \overline{BC}$이므로

$\angle CAB = \dfrac{1}{2} \times (180° - 48°) = 66°$

$\therefore \angle x = 180° - 66° = 114°$

2 $\angle DCE = \angle DAE = \angle x$ (접은 각)

$\triangle ABC$에서 $\overline{AB} = \overline{AC}$이므로

$\angle B = \angle ACB = \angle x + 27°$

$\triangle ABC$에서

$\angle x + (\angle x + 27°) + (\angle x + 27°)$

$= 180°$

이므로 $3\angle x = 126°$

$\therefore \angle x = 42°$

3 $\triangle ABC$에서

$\overline{AB} = \overline{AC}$, $\angle BAD = \angle CAD$이므로

$\overline{AD} \perp \overline{BC}$, $\overline{BD} = \overline{CD}$

따라서 $\overline{BC} = 2\overline{BD} = 2 \times 5 = 10\,(\text{cm})$이므로

$\triangle ABC = \dfrac{1}{2} \times \overline{BC} \times \overline{AD}$

$= \dfrac{1}{2} \times 10 \times 10$

$= 50\,(\text{cm}^2)$

4 $\angle A = \angle B$이므로 $\triangle ABC$는 $\overline{CA} = \overline{CB}$인 이등변삼각형이다.

$\overline{AB} \perp \overline{CD}$이므로 $\overline{AD} = \overline{BD}$

$\therefore \overline{AD} = \dfrac{1}{2}\overline{AB} = \dfrac{1}{2} \times 7 = \dfrac{7}{2}\,(\text{cm})$

5 $\angle BAC = \angle DAC = 61°$ (접은 각)

$\angle BCA = \angle DAC = 61°$ (엇각)

이므로 $\angle BAC = \angle BCA$

따라서 $\triangle BCA$는 $\overline{BA} = \overline{BC}$인 이등변삼각형이므로

$\angle ABC = 180° - 2 \times 61° = 58°$

이때 $\overline{AB} /\!/ \overline{CE}$이므로 $\angle BCE = \angle ABC = 58°$ (엇각)

6 $\triangle ABC$와 $\triangle EFD$에서

$\angle B = \angle F = 90°$, $\overline{AC} = \overline{ED} = 16$ cm,

$\overline{AB} = \overline{EF} = 8$ cm

이므로 $\triangle ABC \equiv \triangle EFD$ (RHS 합동)

$\therefore \angle E = \angle A = 180° - (90° + 30°) = 60°$

7 $\triangle APC$와 $\triangle BPD$에서

$\angle ACP = \angle BDP = 90°$, $\overline{AP} = \overline{BP}$,

$\angle APC = \angle BPD$ (맞꼭지각)

이므로 $\triangle APC \equiv \triangle BPD$ (RHA 합동)

$\overline{AC} = \overline{BD} = 3$ cm이므로 $x = 3$

$\angle BPD = \angle APC = 180° - (60° + 90°) = 30°$

이므로 $y = 30$

$\therefore y - x = 30 - 3 = 27$

8 $\triangle DBC$와 $\triangle DEC$에서

$\angle B = \angle DEC = 90°$, $\overline{CD}$는 공통, $\overline{BC} = \overline{EC}$

이므로 $\triangle DBC \equiv \triangle DEC$ (RHS 합동)

$\therefore \overline{DB} = \overline{DE}$, $\angle BDC = \angle EDC$

따라서 옳은 것은 ㄱ, ㄷ이다.

9 $\triangle AOP$와 $\triangle BOP$에서

$\angle PAO = \angle PBO = 90°$, $\overline{OP}$는 공통, $\overline{PA} = \overline{PB}$

이므로 $\triangle AOP \equiv \triangle BOP$ (RHS 합동)

$\therefore \overline{AO} = \overline{BO}$, $\angle AOP = \angle BOP$

따라서 옳은 것은 ㄱ, ㄹ이다.

10 $\overline{PQ} = \overline{PR}$이므로 각의 이등분선의 성질에 의하여

$\angle ROP = \angle QOP = 23°$

따라서 사각형 ORPQ에서

$\angle QPR = 360° - (90° + 23° + 23° + 90°)$

$= 134°$

11 점 O는 $\triangle ABC$의 외심이므로
$\overline{BD}=\overline{CD}=6\text{ cm}$
$\therefore x=6$
또, $\triangle OCA$에서 $\overline{OA}=\overline{OC}$이므로
$\angle OCA=\angle OAC=\frac{1}{2}\times(180^\circ-106^\circ)=37^\circ$
$\therefore y=37$
$\therefore x+y=6+37=43$

12 점 O는 $\triangle ABC$의 외심이므로
$\overline{OB}=\overline{OC}$
$\triangle OBC$에서
$\angle BOC=180^\circ-2\times23^\circ=134^\circ$
$\therefore \angle A=\frac{1}{2}\angle BOC=\frac{1}{2}\times134^\circ=67^\circ$

13 점 I는 $\triangle ABC$의 내심이므로
$\angle IAB=\angle IAC=35^\circ$
$\angle IBA=\angle IBC=\angle x$
$\triangle ABI$에서
$35^\circ+\angle x+125^\circ=180^\circ$
이므로 $\angle x=20^\circ$

14 오른쪽 그림과 같이 $\overline{BI}$를 그으면
점 I는 $\triangle ABC$의 내심이므로
$26^\circ+\angle IBC+45^\circ=90^\circ$
$\therefore \angle IBC=19^\circ$
$\therefore \angle B=2\angle IBC$
$=2\times19^\circ=38^\circ$

15 점 I는 $\triangle ABC$의 내심이므로
$116^\circ=90^\circ+\frac{1}{2}\angle BAC$
이때 $\angle BAC=2\angle x$이므로
$116^\circ=90^\circ+\frac{1}{2}\times2\angle x$, $116^\circ=90^\circ+\angle x$
$\therefore \angle x=26^\circ$

16 점 I는 $\triangle ABC$의 내심이므로
$\overline{AF}=\overline{AD}=2\text{ cm}$
$\overline{CE}=\overline{CF}=5\text{ cm}$
$\overline{BD}=\overline{BE}=10-5=5(\text{cm})$
따라서 $\triangle ABC$의 둘레의 길이는
$\overline{AB}+\overline{BC}+\overline{CA}=(2+5)+10+(5+2)$
$=24(\text{cm})$

Ⅱ. 사각형의 성질

4 평행사변형

준비 해 보자 51쪽

• 프랑스: 마주 보는 두 쌍의 변이 서로 평행한 사각형은 평행사변형이다.
• 헝가리: 네 각이 모두 직각인 사각형은 직사각형이다.
• 이탈리아: 네 각이 모두 직각이고 네 변의 길이가 모두 같은 사각형은 정사각형이다.
• 네덜란드: 네 변의 길이가 모두 같은 사각형은 마름모이다.

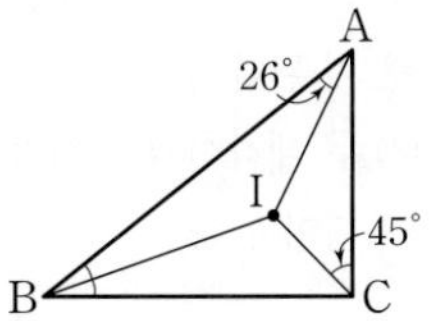

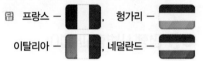

답 프랑스 – , 헝가리 –
이탈리아 – , 네덜란드 –

07 평행사변형의 뜻과 성질 55쪽

1-1 답 (1) $x=65$, $y=115$ (2) $x=13$, $y=10$
(1) $\angle D=\angle B$이므로 $x=65$
$\angle D+\angle C=180^\circ$이므로 $\angle C=180^\circ-65^\circ=115^\circ$
$\therefore y=115$
(2) $\overline{AB}=\overline{DC}$이므로 $x=13$
$\overline{OB}=\overline{OD}$이므로 $y=10$

1-2 답 38
$\overline{AB}\,/\!/\,\overline{DC}$이므로 $\angle BAC=\angle ACD=75^\circ$ (엇각)
$\triangle ABO$에서 $x^\circ=180^\circ-(75^\circ+70^\circ)=35^\circ$ $\therefore x=35$
$\overline{AD}=\overline{BC}$이므로 $3y=9$ $\therefore y=3$
$\therefore x+y=35+3=38$

08 평행사변형이 되는 조건 59쪽

1-1 답 (1) $x=3$, $y=5$ (2) $x=7$, $y=65$
(1) $\overline{OA}=\overline{OC}$이어야 하므로 $x=3$
$\overline{OB}=\overline{OD}$이어야 하므로
$\overline{OD}=\frac{1}{2}\overline{BD}=\frac{1}{2}\times10=5(\text{cm})$ $\therefore y=5$
(2) $\overline{AD}=\overline{BC}$이어야 하므로 $x=7$
$\overline{AD}\,/\!/\,\overline{BC}$이어야 하므로
$\angle DAC=\angle BCA$ (엇각) $\therefore y=65$

①-2 답 ㄴ, ㄷ

ㄱ. 두 쌍의 대변의 길이가 각각 같지 않으므로 □ABCD는 평행사변형이 아니다.

ㄴ. ∠D=360°−(105°+75°+105°)=75°이므로
∠A=∠C, ∠B=∠D
따라서 두 쌍의 대각의 크기가 각각 같으므로 □ABCD는 평행사변형이다.

ㄷ. 두 대각선이 서로를 이등분하므로 □ABCD는 평행사변형이다.

ㄹ. 한 쌍의 대변이 평행하지만 그 길이가 같은지는 알 수 없으므로 □ABCD는 평행사변형이 아니다.

이상에서 평행사변형인 것은 ㄴ, ㄷ이다.

09 평행사변형과 넓이 63쪽

①-1 답 16 cm²

$\triangle ABO = \frac{1}{4} \square ABCD$

$= \frac{1}{4} \times 64 = 16 (cm^2)$

①-2 답 54 cm²

$\square ABCD = 12 \times 9 = 108 (cm^2)$이므로
(색칠한 부분의 넓이) = △PAB + △PCD

$= \frac{1}{2} \square ABCD$

$= \frac{1}{2} \times 108 = 54 (cm^2)$

⑤ 여러 가지 사각형

준비 해 보자 65쪽

(1) 평행사변형 ABCD는 두 쌍의 대변의 길이가 각각 같으므로
$\overline{CD} = \overline{AB} = 7\ cm$ ∴ $x=7$
⇨ 가

(2) 평행사변형 ABCD는 두 쌍의 대각이 각각 같으므로
∠C=∠A=50° ∴ $x=50$
⇨ 갸

(3) 평행사변형 ABCD의 두 대각선은 서로 다른 것을 이등분하므로
$\overline{OD} = \frac{1}{2}\overline{BD} = \frac{1}{2} \times 12 = 6 (cm)$ ∴ $x=6$
⇨ 날

따라서 한글날의 첫 이름은 '가갸날'이다.

답 가갸날

10 직사각형의 뜻과 성질 69쪽

①-1 답 $x=4$, $y=56$

$\overline{OB} = \overline{OC}$이므로
$6x-7=4x+1, 2x=8$ ∴ $x=4$
△OAD에서 $\overline{OA} = \overline{OD}$이므로
∠OAD=∠ODA=34°
∠BAD=90°이므로
∠BAC=90°−∠OAD=90°−34°=56°
∴ $y=56$

①-2 답 (1) ◯ (2) × (3) × (4) ◯

(1) 한 내각의 크기가 90°이므로 평행사변형 ABCD는 직사각형이 된다.

(4) 두 대각선의 길이가 같으므로 평행사변형 ABCD는 직사각형이 된다.

11 마름모의 뜻과 성질 73쪽

①-1 답 $x=2$, $y=28$

$\overline{AB} = \overline{BC}$이므로
$3x+1=x+5, 2x=4$ ∴ $x=2$
△AOD에서 ∠AOD=90°이므로
∠ADO=180°−(90°+62°)=28°
△ABD에서 $\overline{AB} = \overline{AD}$이므로
∠ABD=∠ADB=28° ∴ $y=28$

①-2 답 (1) × (2) ◯ (3) ◯ (4) ×

(2) 이웃하는 두 변의 길이가 같으므로 평행사변형 ABCD는 마름모가 된다.

(3) 두 대각선이 서로 수직이므로 평행사변형 ABCD는 마름모가 된다.

12 정사각형의 뜻과 성질 ·········· 77쪽

❶-1 답 $x=45, y=70$

△ADC에서 ∠ADC$=90°$이고 $\overline{AD}=\overline{CD}$이므로

$\angle DAC=\dfrac{1}{2}\times(180°-90°)=45°$

$\therefore x=45$

△AED에서 ∠DEC$=45°+25°=70°$

$\therefore y=70$

❶-2 답 (1) × (2) ○ (3) ○ (4) ×

(2) 이웃하는 두 변의 길이가 같으므로 직사각형 ABCD는 정사각형이 된다.

(3) 두 대각선이 서로 수직이므로 직사각형 ABCD는 정사각형이 된다.

13 등변사다리꼴의 뜻과 성질 ·········· 81쪽

❶-1 답 $x=16, y=40$

$\overline{AC}=\overline{DB}=16$ cm이므로 $x=16$

∠ABC$=$∠DCB$=75°$이므로

∠ABD$+35°=75°$

$\therefore$ ∠ABD$=40°$

$\therefore y=40$

❷-1 답 $28°$

$\overline{AD}/\!/\overline{BC}$이므로

∠ADB$=$∠DBC$=\angle x$ (엇각)

△ABD에서 $\overline{AB}=\overline{AD}$이므로

∠ABD$=$∠ADB$=\angle x$

∠ABC$=\angle x+\angle x=2\angle x$이고

∠ABC$=$∠C$=56°$이므로

$2\angle x=56°$

$\therefore \angle x=28°$

14 여러 가지 사각형 사이의 관계 ·········· 84쪽

❶-1 답 (1) **직사각형** (2) **정사각형**

(1) ∠ABC$=90°$이면 한 내각의 크기가 $90°$이므로 평행사변형 ABCD는 직사각형이 된다.

(2) $\overline{AB}=\overline{AD}$이면 이웃하는 두 변의 길이가 같으므로 평행사변형 ABCD는 마름모가 된다.

또, $\overline{AC}=\overline{BD}$이면 두 대각선의 길이가 같으므로 마름모 ABCD는 정사각형이 된다.

❶-2 답 ②

② 직사각형은 네 변의 길이가 모두 같은 사각형이 아니므로 마름모가 아니다.

15 평행선과 삼각형의 넓이 ·········· 89~90쪽

❶-1 답 **20 cm²**

△ABC$=$△DBC$=$△OBC$+$△OCD

$=8+12=20(\text{cm}^2)$

❷-1 답 **17 cm²**

△ACE$=$△ACD$=$□ABCD$-$△ABC

$=36-19=17(\text{cm}^2)$

❸-1 답 (1) **18 cm²** (2) **6 cm²**

(1) △ABD : △ADC$=3:2$이므로

$\triangle ABD=\dfrac{3}{5}\triangle ABC=\dfrac{3}{5}\times30=18(\text{cm}^2)$

(2) △ABE : △EBD$=1:2$이므로

$\triangle ABE=\dfrac{1}{3}\triangle ABD=\dfrac{1}{3}\times18=6(\text{cm}^2)$

❸-2 답 (1) **49 cm²** (2) **28 cm²**

(1) $\triangle BCD=\dfrac{1}{2}□ABCD=\dfrac{1}{2}\times98=49(\text{cm}^2)$

(2) △BCE : △ECD$=3:4$이므로

$\triangle ECD=\dfrac{4}{7}\triangle BCD=\dfrac{4}{7}\times49=28(\text{cm}^2)$

문제를 풀어 보자 GoGo! ·········· 92~95쪽

1 80°	**2** 18 cm	**3** 62°	**4** ③
5 39	**6** 16 cm	**7** ④	**8** ④
9 118	**10** ⑤	**11** 98 cm²	**12** ④
13 ①	**14** 81°	**15** ④	**16** 12 cm²

1 ∠BAD=∠C=119°이므로

∠DAE=∠BAD−∠BAE

$\qquad$ =119°−39°=80°

$\overline{AD} \, / \! / \, \overline{BC}$이므로

∠BEA=∠DAE=80° (엇각)

2 △EFA와 △ECD에서

$\overline{AE}=\overline{DE}$,

∠FEA=∠CED (맞꼭지각),

∠FAE=∠CDE (엇각)

이므로 △EFA≡△ECD (ASA 합동)

∴ $\overline{FA}=\overline{CD}=9$ cm

또, $\overline{AB}=\overline{DC}=9$ cm이므로

$\overline{FB}=\overline{FA}+\overline{AB}$

$\qquad$ =9+9=18(cm)

3 $\overline{AD} \, / \! / \, \overline{BE}$이므로

∠DAE=∠CEA=25° (엇각)

∴ ∠DAC=2∠DAE=2×25°=50°

이때 ∠D=∠B=68°이므로 △ACD에서

∠x=180°−(68°+50°)=62°

4 ① 평행사변형의 두 대각선은 서로를 이등분하므로

$\overline{BO}=\overline{DO}$

②, ③, ④, ⑤ △AEO와 △CFO에서

$\overline{AO}=\overline{CO}$,

∠AOE=∠COF (맞꼭지각),

∠EAO=∠FCO (엇각)

이므로 △AEO≡△CFO (ASA 합동)

∴ $\overline{OE}=\overline{OF}$, ∠AEO=∠CFO

따라서 옳지 않은 것은 ③이다.

5 □ABCD가 평행사변형이 되려면 두 쌍의 대각의 크기가 각각 같아야 하므로

∠A=∠C=102°

∴ ∠ABC=∠D=180°−102°=78°

이때 △ABE는 $\overline{AB}=\overline{AE}$인 이등변삼각형이므로

∠ABE=∠AEB=$\dfrac{1}{2}$×(180°−102°)=39°

∴ ∠CBE=∠ABC−∠ABE=78°−39°=39°

∴ x=39

6 $\overline{ED} \, / \! / \, \overline{AC}$에서 $\overline{ED} \, / \! / \, \overline{AO}$이고 $\overline{ED}=\overline{OC}=\overline{AO}$이므로

□AODE는 평행사변형이다.

$\overline{AF}=\overline{FD}$이므로

$\overline{AF}=\dfrac{1}{2}\overline{AD}=\dfrac{1}{2}\overline{BC}=\dfrac{1}{2}×18=9$(cm)

$\overline{OF}=\overline{FE}$이므로

$\overline{OF}=\dfrac{1}{2}\overline{EO}=\dfrac{1}{2}\overline{DC}=\dfrac{1}{2}\overline{AB}=\dfrac{1}{2}×14=7$(cm)

∴ $\overline{AF}+\overline{OF}=9+7=16$(cm)

7 △DOC에서 $\overline{OD}=\overline{OC}$이므로

∠DOC=180°−2×31°=118°

∴ ∠AOB=∠DOC=118° (맞꼭지각)

8 ㄱ. ∠AOD=90°이면 □ABCD는 마름모가 된다.

ㄴ. $\overline{AO}=7$ cm이면 $\overline{AC}=2×7=14$(cm)이므로

$\overline{AC}=\overline{BD}$

따라서 □ABCD는 직사각형이 된다.

ㄷ. $\overline{AB}=10$ cm이면 $\overline{AB}=\overline{AD}$이므로 □ABCD는 마름모가 된다.

ㄹ. ∠ABC=90°이면 □ABCD는 직사각형이 된다.

이상에서 직사각형이 되는 조건은 ㄴ, ㄹ이다.

9 마름모의 네 변의 길이는 모두 같으므로

$\overline{AD}=\overline{CD}=4$ m $\qquad$ ∴ x=4

△CEP에서

∠ECP=180°−(33°+90°)=57°

$\overline{AB} \, / \! / \, \overline{DE}$이므로

∠BAC=∠ECP=57° (동위각)

이때 △ABD에서 $\overline{AB}=\overline{AD}$이고 $\overline{AC}$는 $\overline{BD}$를 수직이등분하므로

∠BAD=2∠BAC=2×57°=114°

∴ y=114

∴ $x+y$=4+114=118

10 ① ∠ABC=90°이면 □ABCD는 직사각형이 된다.

② ∠OBC=∠OCB이면 $\overline{BO}=\overline{CO}$이므로 $\overline{AC}=\overline{BD}$

따라서 □ABCD는 직사각형이 된다.

④ $\overline{AC}=\overline{BD}$이면 □ABCD는 직사각형이 된다.

⑤ $\overline{AB}=\overline{AD}$이면 □ABCD는 마름모가 된다.

따라서 마름모가 되는 조건은 ⑤이다.

11 $\overline{OA}=\overline{OB}=\dfrac{1}{2}\overline{BD}=\dfrac{1}{2}\times14=7(cm)$이고

$\angle AOD=90°$이므로

$\square ABCD=2\triangle ABD$

$\qquad =2\times\left(\dfrac{1}{2}\times14\times7\right)=98(cm^2)$

12 ④ $\angle ABC+\angle BCD=180°$이므로

$\angle ABC=\angle BCD$이면

$\angle ABC=\angle BCD=90°$

즉, 한 내각이 직각이므로 정사각형이다.

13 ㄷ. 네 변의 길이가 모두 같은 평행사변형은 마름모이다.

ㄹ. 평행사변형에서 이웃하는 두 내각의 크기의 합은 $180°$이므로 이웃하는 두 내각의 크기가 같으면 한 내각이 직각이 된다. 따라서 직사각형이다.

이상에서 옳은 것은 ㄱ, ㄴ이다.

14 $\overline{AD}/\!/\overline{BC}$이므로

$\angle ACB=\angle DAC=50°$ (엇각)

$\therefore \angle B=\angle BCD$

$\qquad =\angle ACB+\angle ACD$

$\qquad =50°+31°=81°$

15 $\square ABCD=\triangle ABC+\triangle ACD$

$\qquad\quad =\triangle ABC+\triangle ACE$

$\qquad\quad =\triangle ABE$

$\qquad\quad =\dfrac{1}{2}\times(10+8)\times8$

$\qquad\quad =72(cm^2)$

16 $\triangle ABC=\dfrac{1}{2}\square ABCD$

$\qquad\quad =\dfrac{1}{2}\times90=45(cm^2)$

$\overline{BE}:\overline{EC}=4:5$이므로

$\triangle ABE:\triangle AEC=4:5$

$\therefore \triangle ABE=\dfrac{4}{9}\triangle ABC$

$\qquad\qquad =\dfrac{4}{9}\times45=20(cm^2)$

$\overline{AF}:\overline{FE}=3:2$이므로

$\triangle ABF:\triangle FBE=3:2$

$\therefore \triangle ABF=\dfrac{3}{5}\triangle ABE$

$\qquad\qquad =\dfrac{3}{5}\times20=12(cm^2)$

Ⅲ. 도형의 닮음

❻ 삼각형의 닮음

준비 해 보자

99쪽

(1) 두 번째 삼각형에서 나머지 한 각의 크기는

$180°-(40°+55°)=85°$

따라서 한 변의 길이가 같고, 그 양 끝 각의 크기가 각각 같으므로 두 삼각형은 ASA 합동이다.

⇨ 삼봉도

(2) 두 삼각형의 세 변의 길이가 각각 같으므로 두 삼각형은 SSS 합동이다.

⇨ 가지도

(3) 두 변의 길이가 같고, 그 끼인각의 크기가 같으므로 두 삼각형은 SAS 합동이다.

⇨ 석도

⊟ (1) **삼봉도** (2) **가지도** (3) **석도**

16 닮은 도형

102쪽

①-1 **⊟** $\overline{BC}$의 대응변: $\overline{FD}$, $\angle C$의 대응각: $\angle D$

②-1 **⊟** ㄴ, ㅁ

ㄱ. 오른쪽 그림의 두 평행사변형은 서로 닮은 도형이 아니다.

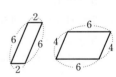

ㄴ. 두 원은 항상 서로 닮은 도형이다.

ㄷ. 오른쪽 그림의 두 부채꼴은 서로 닮은 도형이 아니다.

ㄹ. 오른쪽 그림의 두 원기둥은 서로 닮은 도형이 아니다.

ㅁ. 면의 개수가 같은 두 정다면체는 서로 닮은 도형이므로 두 정육면체는 서로 닮은 도형이다.

이상에서 항상 서로 닮은 도형인 것은 ㄴ, ㅁ이다.

17 닮음의 성질 ─────── 106~107쪽

1-1 답 (1) **6 cm** (2) **110°**

(1) $\overline{BC}$의 대응변은 $\overline{FG}$이므로
$\overline{BC}:\overline{FG}=9:12=3:4$
즉, □ABCD와 □EFGH의 닮음비는 3:4이다.
$\overline{CD}$의 대응변은 $\overline{GH}$이고 닮음비가 3:4이므로
$\overline{CD}:8=3:4$, $4\overline{CD}=24$ ∴ $\overline{CD}=6$ cm

(2) ∠H의 대응각은 ∠D이므로
∠H=∠D=$360°-(95°+75°+80°)=110°$

1-2 답 **40 cm**

$\overline{AC}$의 대응변은 $\overline{DF}$이므로
$\overline{AC}:\overline{DF}=12:6=2:1$
즉, △ABC와 △DEF의 닮음비는 2:1이다.
$\overline{BC}$의 대응변은 $\overline{EF}$이고 닮음비가 2:1이므로
$\overline{BC}:5=2:1$ ∴ $\overline{BC}=10$ cm
∴ (△ABC의 둘레의 길이)$=18+12+10$
$=40$(cm)

2-1 답 (1) **10 cm** (2) **면 IMPL**

(1) $\overline{DH}$에 대응하는 모서리는 $\overline{LP}$이므로
$\overline{DH}:\overline{LP}=12:8=3:2$
즉, 두 직육면체의 닮음비는 3:2이다.
$\overline{NO}$에 대응하는 모서리는 $\overline{FG}$이고 닮음비가 3:2이므로
$15:\overline{NO}=3:2$, $3\overline{NO}=30$ ∴ $\overline{NO}=10$ cm

2-2 답 (1) **5:8** (2) **8 cm**

(1) 두 원뿔 A, B의 높이의 비가 $10:16=5:8$이므로 닮음비는
5:8이다.

(2) 원뿔 B의 밑면의 반지름의 길이를 r cm라 하면
$5:r=5:8$ ∴ $r=8$
따라서 원뿔 B의 밑면의 반지름의 길이는 8 cm이다.

18 서로 닮은 두 도형에서의 비 ─────── 110쪽

1-1 답 (1) **16:9** (2) **48 cm²**

(1) □ABCD와 □EFGH의 닮음비가 $8:6=4:3$이므로 넓이의 비는 $4^2:3^2=16:9$이다.

(2) □ABCD의 넓이를 x cm²라 하면
$x:27=16:9$, $9x=432$ ∴ $x=48$
따라서 □ABCD의 넓이는 48 cm²이다.

1-2 답 (1) **81 cm²** (2) **40 cm³**

(1) 두 삼각뿔 A, B의 모서리의 길이의 비가 $6:9=2:3$이므로
닮음비는 2:3이다.
즉, 겉넓이의 비는 $2^2:3^2=4:9$이다.
삼각뿔 B의 겉넓이를 x cm²라 하면
$36:x=4:9$, $4x=324$ ∴ $x=81$
따라서 삼각뿔 B의 겉넓이는 81 cm²이다.

(2) 두 삼각뿔 A, B의 닮음비가 2:3이므로 부피의 비는
$2^3:3^3=8:27$이다.
삼각뿔 A의 부피를 x cm³라 하면
$x:135=8:27$, $27x=1080$ ∴ $x=40$
따라서 삼각뿔 A의 부피는 40 cm³이다.

19 삼각형의 닮음 조건 ─────── 114쪽

1-1 답 **△ABC∽△ADE (SAS 닮음)**

△ABC와 △ADE에서
$\overline{AB}:\overline{AD}=12:8=3:2$, $\overline{AC}:\overline{AE}=9:6=3:2$,
∠BAC=∠DAE (맞꼭지각)
이므로 △ABC∽△ADE (SAS 닮음)

2-1 답 **21 cm**

△ABC와 △AED에서
∠ABC=∠AED, ∠A는 공통
이므로 △ABC∽△AED (AA 닮음)
닮음비가 $\overline{AC}:\overline{AD}=15:10=3:2$이므로
$\overline{AB}:\overline{AE}=3:2$에서
$\overline{AB}:14=3:2$, $2\overline{AB}=42$ ∴ $\overline{AB}=21$ cm

20 직각삼각형의 닮음 ─────── 117쪽

1-1 답 **20**

$\overline{BC}^2=\overline{BD}\times\overline{BA}$이므로
$x^2=16\times(16+9)=400$
이때 $20^2=400$이고 $x>0$이므로 $x=20$

2-1 답 **180 cm²**

$\overline{BD}^2=\overline{AD}\times\overline{CD}$이므로
$\overline{BD}^2=6\times(30-6)=144$
이때 $12^2=144$이고 $\overline{BD}>0$이므로 $\overline{BD}=12$ cm
따라서 △ABC의 넓이는
$\dfrac{1}{2}\times30\times12=180$(cm²)

⑦ 삼각형과 평행선

119쪽

준비 해 보자

△ABC와 △AED에서 ∠ACB=∠ADE, ∠A는 공통
이므로 △ABC∽△AED (AA 닮음)
닮음비가 $\overline{AC}:\overline{AD}=12:3=4:1$이므로
$\overline{AB}:\overline{AE}=4:1$에서
$x:5=4:1$ ∴ $x=20$
따라서 알맞은 것의 길을 따라 이동하면 다음 그림과 같으므로
설명하는 절기의 이름은 상강이다.

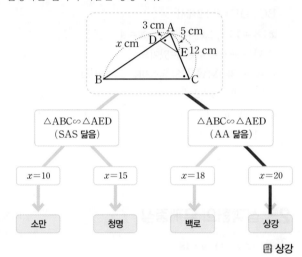

탑 상강

21 삼각형에서 평행선과 선분의 길이의 비

124~125쪽

1-1 탑 $x=12, y=9$
$\overline{AB}:\overline{AD}=\overline{AC}:\overline{AE}$이므로
$8:6=16:x, 8x=96$ ∴ $x=12$
$\overline{AB}:\overline{AD}=\overline{BC}:\overline{DE}$이므로
$8:6=12:y, 8y=72$ ∴ $y=9$

1-2 탑 (1) ○ (2) ×
(1) $\overline{AB}:\overline{AD}=14:7=2:1$
$\overline{AC}:\overline{AE}=10:5=2:1$
∴ $\overline{AB}:\overline{AD}=\overline{AC}:\overline{AE}$
따라서 $\overline{BC}$와 $\overline{DE}$는 평행하다.
(2) $\overline{AB}:\overline{AD}=24:16=3:2$
$\overline{AC}:\overline{AE}=22:15$

∴ $\overline{AB}:\overline{AD}\neq\overline{AC}:\overline{AE}$
따라서 $\overline{BC}$와 $\overline{DE}$는 평행하지 않다.

2-1 탑 $x=3, y=15$
$\overline{AD}:\overline{DB}=\overline{AE}:\overline{EC}$이므로
$12:4=9:x, 12x=36$ ∴ $x=3$
$\overline{AB}:\overline{AD}=\overline{BC}:\overline{DE}$이므로
$(12+4):12=20:y, 16y=240$ ∴ $y=15$

2-2 탑 (1) ○ (2) ×
(1) $\overline{AD}:\overline{DB}=24:6=4:1$
$\overline{AE}:\overline{EC}=16:4=4:1$
∴ $\overline{AD}:\overline{DB}=\overline{AE}:\overline{EC}$
따라서 $\overline{BC}$와 $\overline{DE}$는 평행하다.
(2) $\overline{AD}:\overline{DB}=16:(12+16)=4:7$
$\overline{AE}:\overline{EC}=(33-11):33=2:3$
∴ $\overline{AD}:\overline{DB}\neq\overline{AE}:\overline{EC}$
따라서 $\overline{BC}$와 $\overline{DE}$는 평행하지 않다.

22 삼각형의 각의 이등분선

129쪽

1-1 탑 **7 cm**
$\overline{AB}:\overline{AC}=\overline{BD}:\overline{CD}$이므로
$6:8=\overline{BD}:4, 8\overline{BD}=24$ ∴ $\overline{BD}=3$ cm
∴ $\overline{BC}=\overline{BD}+\overline{CD}=3+4=7(cm)$

2-1 탑 **8 cm**
$\overline{AC}:\overline{AB}=\overline{CD}:\overline{BD}$이므로
$\overline{AC}:6=(9+3):9, 9\overline{AC}=72$ ∴ $\overline{AC}=8$ cm

23 평행선 사이의 선분의 길이의 비

133쪽

1-1 탑 **5**
$15:x=21:(28-21)$이므로
$21x=105$ ∴ $x=5$

2-1 탑 **14 cm**
▱AGFD, ▱AHCD가 모두 평행사변형이므로
$\overline{GF}=\overline{HC}=\overline{AD}=11$ cm
∴ $\overline{BH}=\overline{BC}-\overline{HC}=16-11=5(cm)$
△ABH에서
$9:(9+6)=\overline{EG}:5, 15\overline{EG}=45$ ∴ $\overline{EG}=3$ cm
∴ $\overline{EF}=\overline{EG}+\overline{GF}=3+11=14(cm)$

24 도형에서 두 변의 중점을 연결한 선분의 성질
138~139쪽

1-1 답 $x=10, y=55$

$\overline{AM}=\overline{MB}, \overline{AN}=\overline{NC}$이므로

$\overline{BC}=2\overline{MN}=2\times5=10(cm)$ ∴ $x=10$

$\overline{MN}/\!/\overline{BC}$이므로

∠C=∠ANM=55° (동위각) ∴ $y=55$

1-2 답 **24 cm**

$\overline{BP}=\overline{PA}, \overline{BQ}=\overline{QC}$이므로

$\overline{PQ}=\frac{1}{2}\overline{AC}=\frac{1}{2}\times12=6(cm)$

$\overline{CQ}=\overline{QB}, \overline{CR}=\overline{RA}$이므로

$\overline{QR}=\frac{1}{2}\overline{AB}=\frac{1}{2}\times16=8(cm)$

$\overline{AP}=\overline{PB}, \overline{AR}=\overline{RC}$이므로

$\overline{PR}=\frac{1}{2}\overline{BC}=\frac{1}{2}\times20=10(cm)$

따라서 △PQR의 둘레의 길이는

$\overline{PQ}+\overline{QR}+\overline{RP}=6+8+10=24(cm)$

다른 풀이 (△PQR의 둘레의 길이)

$=\frac{1}{2}\times$(△ABC의 둘레의 길이)

$=\frac{1}{2}(\overline{AB}+\overline{BC}+\overline{CA})=\frac{1}{2}\times(16+20+12)$

$=24(cm)$

2-1 답 $x=8, y=20$

$\overline{AM}=\overline{MB}, \overline{MN}/\!/\overline{BC}$이므로 $\overline{AN}=\overline{NC}$

즉, $\overline{AN}=\frac{1}{2}\overline{AC}=\frac{1}{2}\times16=8(cm)$ ∴ $x=8$

$\overline{AM}=\overline{MB}, \overline{AN}=\overline{NC}$이므로

$\overline{BC}=2\overline{MN}=2\times10=20(cm)$ ∴ $y=20$

3-1 답 (1) **9 cm** (2) **5 cm** (3) **4 cm**

$\overline{AD}/\!/\overline{BC}, \overline{AM}=\overline{MB}, \overline{DN}=\overline{NC}$이므로

$\overline{AD}/\!/\overline{MN}/\!/\overline{BC}$

(1) △ABC에서 $\overline{AM}=\overline{MB}, \overline{MQ}/\!/\overline{BC}$이므로

$\overline{MQ}=\frac{1}{2}\overline{BC}=\frac{1}{2}\times18=9(cm)$

(2) △BDA에서 $\overline{AM}=\overline{MB}, \overline{MP}/\!/\overline{AD}$이므로

$\overline{MP}=\frac{1}{2}\overline{AD}=\frac{1}{2}\times10=5(cm)$

(3) $\overline{PQ}=\overline{MQ}-\overline{MP}=9-5=4(cm)$

8 삼각형의 무게중심

준비 해 보자
141쪽

(1) △ABC와 △ADE에서

∠BAC=∠DAE (맞꼭지각)

$\overline{BC}/\!/\overline{DE}$이므로 ∠CBA=∠EDA (엇각)

따라서 △ABC와 △ADE는 AA 닮음이다.

⇨ 수족관에 가면 나를 볼 수 있어요.

(2) △ABC와 △ADE의 닮음비는

$\overline{AB}:\overline{AD}=3:6=1:2$이므로

$\overline{BC}:\overline{DE}=1:2$에서

$x:8=1:2, 2x=8$ ∴ $x=4$

⇨ 나는 육지에서 살 수 있어요.

(3) △ABC와 △ADE의 닮음비는 1 : 2이므로

$\overline{AC}:\overline{AE}=1:2$에서

$(6-y):y=1:2, y=2(6-y), 3y=12$ ∴ $y=4$

⇨ 나는 털이 있어요.

답 펭귄

25 삼각형의 무게중심
145쪽

1-1 답 $x=11, y=18$

$\overline{AD}$는 △ABC의 중선이므로

$\overline{BD}=\frac{1}{2}\overline{BC}=\frac{1}{2}\times22=11(cm)$ ∴ $x=11$

점 G가 △ABC의 무게중심이므로

$\overline{BE}=3\overline{GE}=3\times6=18(cm)$ ∴ $y=18$

2-1 답 **45 cm**

점 G'이 △GBC의 무게중심이므로

$\overline{GD}=3\overline{G'D}=3\times5=15(cm)$

점 G가 △ABC의 무게중심이므로

$\overline{AD}=3\overline{GD}=3\times15=45(cm)$

26 삼각형의 무게중심과 넓이
148쪽

1-1 답 **42 cm²**

$△GFB=△GBD=\frac{1}{2}\square GFBD=\frac{1}{2}\times14=7(cm^2)$

이므로 $△ABC=6△GFB=6\times7=42(cm^2)$

1-2 답 (1) **18 cm²** (2) **9 cm²** (3) **6 cm²**

(1) $\triangle ABC = \dfrac{1}{2}\square ABCD = \dfrac{1}{2}\times 36 = 18(cm^2)$

(2) $\triangle ABM = \dfrac{1}{2}\triangle ABC = \dfrac{1}{2}\times 18 = 9(cm^2)$

(3) $\triangle ABC$에서 $\overline{AM}$, $\overline{BO}$는 중선이므로 점 P는 $\triangle ABC$의 무게중심이다. 즉, $\overline{AP}:\overline{PM}=2:1$이므로

$\triangle ABP = \dfrac{2}{3}\triangle ABM = \dfrac{2}{3}\times 9 = 6(cm^2)$

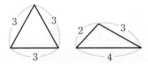

문제를 풀어 보자 150~153쪽

1 ①	**2** ③	**3** ②	**4** 12 cm
5 100 cm²	**6** 17	**7** ⑤	**8** ④
9 ④	**10** ①	**11** 20	**12** 7 cm
13 ⑤	**14** 64	**15** ①	**16** 26 cm²

1 ㄷ. 다음과 같은 두 삼각형의 둘레의 길이는 같지만 닮은 도형은 아니다.

ㄹ. 한 변의 길이가 1인 정삼각형과 한 변의 길이가 2인 정삼각형은 서로 닮음이지만 대응변의 길이는 같지 않다.
이상에서 옳은 것은 ㄱ, ㄴ이다.

2 $\triangle ABC$와 $\triangle DEF$의 닮음비는
$\overline{BC}:\overline{EF}=12:8=3:2$이므로
$a:14=3:2$ $\therefore a=21$
$\angle F$의 대응각은 $\angle C$이므로
$\angle F = \angle C = 75°$ $\therefore b=75$
$\therefore a+b=21+75=96$

3 원뿔 모양의 그릇과 물이 채워진 부분은 서로 닮음이고 그릇 높이의 $\dfrac{3}{5}$만큼 물을 채웠으므로 닮음비는 $1:\dfrac{3}{5}=5:3$
수면의 반지름의 길이를 r cm라 하면
$15:r=5:3, 5r=45$ $\therefore r=9$
따라서 수면의 넓이는 $\pi\times 9^2 = 81\pi(cm^2)$

4 $\triangle ABC$와 $\triangle EBD$에서
$\angle B$는 공통, $\angle A = \angle DEB$
이므로 $\triangle ABC \backsim \triangle EBD$ (AA 닮음)

따라서 $\overline{AB}:\overline{EB}=\overline{BC}:\overline{BD}$이므로
$\overline{AB}:10=16:8, 8\overline{AB}=160$
$\therefore \overline{AB}=20$ cm
$\therefore \overline{AD}=\overline{AB}-\overline{BD}=20-8=12(cm)$

5 $\overline{AD}^2 = \overline{BD}\times\overline{CD}$이므로
$10^2 = \overline{BD}\times 5$ $\therefore \overline{BD}=20$ cm
$\therefore \triangle ABD = \dfrac{1}{2}\times\overline{BD}\times\overline{AD}$
$\qquad = \dfrac{1}{2}\times 20\times 10 = 100(cm^2)$

6 $\overline{AE}=3\overline{EC}$이므로 $\overline{AE}:\overline{EC}=3:1$
$\overline{BC}/\!/\overline{DE}$이므로 $\overline{AD}:\overline{AB}=\overline{AE}:\overline{AC}$에서
$6:x=3:4, 3x=24$ $\therefore x=8$
$\overline{DE}:\overline{BC}=\overline{AE}:\overline{AC}$에서
$y:12=3:4, 4y=36$ $\therefore y=9$
$\therefore x+y=8+9=17$

7 $3\overline{EB}=4\overline{AE}$이므로 $\overline{EB}:\overline{AE}=4:3$
$\overline{AD}/\!/\overline{FB}$이므로 $\overline{EB}:\overline{EA}=\overline{BF}:\overline{AD}$에서
$4:3=\overline{BF}:9, 3\overline{BF}=36$
$\therefore \overline{BF}=12$ cm
이때 $\square ABCD$는 평행사변형이므로
$\overline{BC}=\overline{AD}=9$ cm
$\therefore \overline{FC}=\overline{BF}+\overline{BC}=12+9=21(cm)$

8 $\triangle ABD:\triangle ACD=\overline{BD}:\overline{CD}=\overline{AB}:\overline{AC}=2:3$
이므로
$30:\triangle ACD=2:3, 2\triangle ACD=90$
$\therefore \triangle ACD=45$ cm²

9 $\overline{AB}:\overline{AC}=\overline{BD}:\overline{CD}$이므로
$8:6=(4+\overline{CD}):\overline{CD}$
$8\overline{CD}=6(4+\overline{CD}), 2\overline{CD}=24$
$\therefore \overline{CD}=12$ cm

10 $8:6=x:9$이므로 $6x=72$ $\therefore x=12$
$8:6=y:8$이므로 $6y=64$ $\therefore y=\dfrac{32}{3}$
$\therefore x+y=12+\dfrac{32}{3}=\dfrac{68}{3}$

11 $\triangle ABC$에서 $\overline{AE}:\overline{AB}=\overline{EG}:\overline{BC}$이므로
$9:(9+3)=x:16$
$12x=144$ $\therefore x=12$

△CDA에서 $\overline{AD}\,/\!/\,\overline{GF}$이므로

$\overline{GF}:\overline{AD}=\overline{CF}:\overline{CD}=\overline{BE}:\overline{BA}$

$2:y=3:(3+9)$

$3y=24$ ∴ $y=8$

∴ $x+y=12+8=20$

12 △ABC에서 $\overline{AM}=\overline{MB}$, $\overline{AN}=\overline{NC}$이므로

$\overline{BC}=2\overline{MN}=2\times7=14(\text{cm})$

따라서 △DBC에서 $\overline{DP}=\overline{PB}$, $\overline{DQ}=\overline{QC}$이므로

$\overline{PQ}=\dfrac{1}{2}\overline{BC}=\dfrac{1}{2}\times14=7(\text{cm})$

13 △ABC에서 $\overline{AM}=\overline{MB}$, $\overline{BC}\,/\!/\,\overline{MQ}$이므로 $\overline{AQ}=\overline{QC}$

∴ $\overline{MQ}=\dfrac{1}{2}\overline{BC}=\dfrac{1}{2}\times10=5(\text{cm})$

△BDA에서 $\overline{BM}=\overline{MA}$, $\overline{AD}\,/\!/\,\overline{MP}$이므로 $\overline{BP}=\overline{PD}$

∴ $\overline{MP}=\dfrac{1}{2}\overline{AD}=\dfrac{1}{2}\times5=\dfrac{5}{2}(\text{cm})$

∴ $\overline{PQ}=\overline{MQ}-\overline{MP}=5-\dfrac{5}{2}=\dfrac{5}{2}(\text{cm})$

14 점 G가 △ABC의 무게중심이므로

$\overline{AD}=3\overline{GD}=3\times14=42(\text{cm})$ ∴ $x=42$

$\overline{BD}=\dfrac{1}{2}\overline{BC}=\dfrac{1}{2}\times44=22(\text{cm})$ ∴ $y=22$

∴ $x+y=42+22=64$

15 점 G′이 △GBC의 무게중심이므로

$\overline{GD}=3\overline{G'D}=3\times1=3(\text{cm})$

또, 점 G가 △ABC의 무게중심이므로

$\overline{AG}=2\overline{GD}=2\times3=6(\text{cm})$

16 점 G가 △ABC의 무게중심이므로

$\triangle GAB=\dfrac{1}{3}\triangle ABC$

오른쪽 그림과 같이 $\overline{GC}$를 그으면

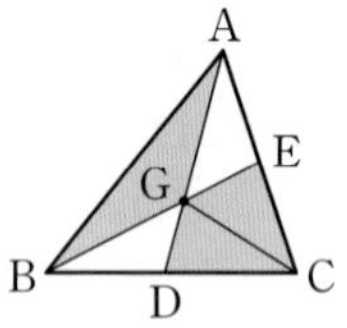

□GDCE

$=\triangle GCD+\triangle GCE$

$=\dfrac{1}{6}\triangle ABC+\dfrac{1}{6}\triangle ABC$

$=\dfrac{1}{3}\triangle ABC$

따라서 색칠한 부분의 넓이는

$\triangle GAB+□GDCE=\dfrac{1}{3}\triangle ABC+\dfrac{1}{3}\triangle ABC$

$=\dfrac{2}{3}\triangle ABC$

$=\dfrac{2}{3}\times39=26(\text{cm}^2)$

Ⅳ. 피타고라스 정리

❾ 피타고라스 정리

준비 해 보자 157쪽

(1) $121=\boxed{11}^2$ (2) $169=\boxed{13}^2$

(3) $100=\boxed{10}^2$ (4) $196=\boxed{14}^2$

(5) $144=\boxed{12}^2$

따라서 (1)~(5)의 ☐ 안에 알맞은 수를 출발점으로 하고 사다리 타기를 하면 구하는 '베토벤 교향곡 5번'의 부제는 '운명교향곡'이다.

 운명교향곡

27 피타고라스 정리 161~162쪽

❶-1 답 **15 cm**

$8^2+\overline{BC}^2=17^2$이므로 $\overline{BC}^2=225$

이때 $15^2=225$이고 $\overline{BC}>0$이므로 $\overline{BC}=15\,\text{cm}$

❶-2 답 (1) **12 cm** (2) **13 cm**

(1) △ADC에서 $\overline{AD}^2+9^2=15^2$이므로 $\overline{AD}^2=144$

이때 $12^2=144$이고 $\overline{AD}>0$이므로 $\overline{AD}=12\,\text{cm}$

(2) △ABD에서 $5^2+12^2=\overline{AB}^2$이므로 $\overline{AB}^2=169$

이때 $13^2=169$이고 $\overline{AB}>0$이므로 $\overline{AB}=13\,\text{cm}$

❷-1 답 $\dfrac{60}{13}$ **cm**

△ABC에서 $\overline{AB}^2+5^2=13^2$이므로 $\overline{AB}^2=144$

이때 $12^2=144$이고 $\overline{AB}>0$이므로 $\overline{AB}=12\,\text{cm}$

$\overline{AB}\times\overline{AC}=\overline{AD}\times\overline{BC}$이므로

$12\times5=\overline{AD}\times13$

∴ $\overline{AD}=\dfrac{60}{13}\,\text{cm}$

❸-1 답 **9 cm**

□EFGH$=\overline{FG}^2=225\,\text{cm}^2$

이때 $15^2=225$이고 $\overline{FG}>0$이므로 $\overline{FG}=15\,\text{cm}$

△GFC에서 $\overline{GC}^2+12^2=15^2$이므로 $\overline{GC}^2=81$

이때 $9^2=81$이고 $\overline{GC}>0$이므로 $\overline{GC}=9\,\text{cm}$

28 직각삼각형이 되는 조건 ········· 165쪽

①-1 답 12 cm

△ABC가 ∠C=90°인 직각삼각형이 되려면

$16^2+\overline{BC}^2=20^2$, 즉 $\overline{BC}^2=144$이어야 한다.

이때 $12^2=144$이고 $\overline{BC}>0$이므로 $\overline{BC}=12$ cm

②-1 답 ㄱ, ㄷ

ㄱ. $4^2+5^2>6^2$이므로 예각삼각형이다.

ㄴ. $5^2+8^2<11^2$이므로 둔각삼각형이다.

ㄷ. $6^2+11^2>12^2$이므로 예각삼각형이다.

ㄹ. $7^2+24^2=25^2$이므로 직각삼각형이다.

이상에서 예각삼각형인 것은 ㄱ, ㄷ이다.

문제를 GO GO! 풀어 보자

168~171쪽

1 ①	**2** ⑤	**3** 20 cm	**4** 320
5 ①	**6** ①	**7** ⑤	**8** 49 cm²
9 ③	**10** ④	**11** ②	**12** 54 cm²
13 ②, ⑤	**14** ①	**15** 16 cm²	**16** ④

1 $\overline{AB}^2=17^2-15^2=64$

$\overline{AB}>0$이므로 $\overline{AB}=8$ cm

$\therefore \triangle ABC=\dfrac{1}{2}\times\overline{BC}\times\overline{AB}$

$\qquad\qquad =\dfrac{1}{2}\times15\times8=60(\text{cm}^2)$

2 △ABC에서 $\overline{AC}^2=17^2-8^2=225$

$\overline{AC}>0$이므로 $\overline{AC}=15$ cm

따라서 △ACD에서 $\overline{CD}^2=15^2+20^2=625$

$\overline{CD}>0$이므로 $\overline{CD}=25$ cm

3 △ADC에서 $\overline{CD}^2=15^2-12^2=81$

$\overline{CD}>0$이므로 $\overline{CD}=9$ cm

$\therefore \overline{BD}=\overline{BC}-\overline{CD}=25-9=16(\text{cm})$

따라서 △ABD에서 $\overline{AB}^2=16^2+12^2=400$

$\overline{AB}>0$이므로 $\overline{AB}=20$ cm

4 △ABD에서 $\overline{AD}^2=6^2+8^2=100$

$\overline{AD}>0$이므로 $\overline{AD}=10$

$\overline{CD}=\overline{AD}=10$이므로

$\overline{BC}=\overline{BD}+\overline{CD}=6+10=16$

따라서 △ABC에서 $\overline{AC}^2=16^2+8^2=320$

5 직사각형의 세로의 길이를 a cm $(a>0)$라 하면

$8^2+a^2=10^2$, $a^2=36$ $\therefore a=6$

따라서 직사각형의 넓이는 $8\times6=48(\text{cm}^2)$

6 $\overline{BE}=\overline{BC}=15$ cm이므로

△ABE에서 $\overline{AE}^2=15^2-12^2=81$

$\overline{AE}>0$이므로 $\overline{AE}=9$ cm

$\therefore \overline{ED}=\overline{AD}-\overline{AE}=15-9=6(\text{cm})$

이때 △ABE∽△DEF (AA 닮음)이므로

$\overline{AB}:\overline{DE}=\overline{AE}:\overline{DF}$에서

$12:6=9:\overline{DF}$, $12\overline{DF}=54$ $\therefore \overline{DF}=\dfrac{9}{2}$ cm

$\therefore \triangle EFD=\dfrac{1}{2}\times\overline{ED}\times\overline{DF}$

$\qquad\qquad =\dfrac{1}{2}\times6\times\dfrac{9}{2}=\dfrac{27}{2}(\text{cm}^2)$

7 □ACDE+□BHIC=□AFGB이므로

□ACDE=$100-36=64(\text{cm}^2)$에서 $\overline{AC}^2=64$

$\overline{AC}>0$이므로 $\overline{AC}=8$ cm

또, □BHIC=36 cm²에서 $\overline{BC}^2=36$

$\overline{BC}>0$이므로 $\overline{BC}=6$ cm

$\therefore \triangle ABC=\dfrac{1}{2}\times\overline{AC}\times\overline{BC}=\dfrac{1}{2}\times8\times6=24(\text{cm}^2)$

8 △AEH≡△BFE≡△CGF≡△DHG이므로

□EFGH는 정사각형이다.

□EFGH의 넓이가 25 cm²이므로 $\overline{EH}^2=25$

$\overline{EH}>0$이므로 $\overline{EH}=5$ cm

△AEH에서 $\overline{AH}^2=5^2-4^2=9$

$\overline{AH}>0$이므로 $\overline{AH}=3$ cm

따라서 $\overline{AD}=\overline{AH}+\overline{DH}=3+4=7(\text{cm})$이므로

□ABCD=$7\times7=49(\text{cm}^2)$

9 △ABC에서 $\overline{BC}^2=8^2+6^2=100$

$\overline{BC}>0$이므로 $\overline{BC}=10$

$\overline{AB}^2=\overline{BD}\times\overline{BC}$이므로 $8^2=x\times10$ $\therefore x=\dfrac{32}{5}$

$\overline{AC}^2=\overline{CD}\times\overline{CB}$이므로 $6^2=y\times10$ $\therefore y=\dfrac{18}{5}$

$\therefore x-y=\dfrac{32}{5}-\dfrac{18}{5}=\dfrac{14}{5}$

10 ④ $a^2 < b^2 + c^2$이면 $\angle A < 90°$이지만 $\triangle ABC$가 예각삼 각형인지는 알 수 없다.

11 ① $2^2 + 4^2 \neq 5^2$　　② $3^2 + 4^2 = 5^2$
③ $4^2 + 5^2 \neq 6^2$　　④ $12^2 + 13^2 \neq 17^2$
⑤ $13^2 + 14^2 \neq 17^2$
따라서 직각삼각형인 것은 ②이다.

12 $9^2 + 12^2 = 15^2$이므로 주어진 삼각형은 빗변의 길이가 15 cm인 직각삼각형이다.
따라서 구하는 삼각형의 넓이는
$\dfrac{1}{2} \times 9 \times 12 = 54 (\text{cm}^2)$

13 ① $5^2 = 3^2 + 4^2 \Rightarrow$ 직각삼각형
② $10^2 > 5^2 + 7^2 \Rightarrow$ 둔각삼각형
③ $11^2 < 6^2 + 10^2 \Rightarrow$ 예각삼각형
④ $12^2 < 8^2 + 11^2 \Rightarrow$ 예각삼각형
⑤ $15^2 > 10^2 + 10^2 \Rightarrow$ 둔각삼각형
따라서 둔각삼각형인 것은 ②, ⑤이다.

14 삼각형의 세 변의 길이 사이의 관계에 의하여
$6 - 3 < a < 3 + 6$
$3 < a < 9$
이때 $a > 6$이므로
$6 < a < 9$ 　　　　　　　…… ㉠
또, 둔각삼각형이 되려면 $a^2 > 3^2 + 6^2$
$a^2 > 45$ 　　　　　　　…… ㉡
㉠, ㉡을 모두 만족시키는 자연수 a는 7, 8이므로 구하는 합은 $7 + 8 = 15$

15 $\overline{AB}^2 = 9$, $\overline{BC}^2 = 18$, $\overline{CD}^2 = 25$이고
$\overline{AB}^2 + \overline{CD}^2 = \overline{AD}^2 + \overline{BC}^2$이므로
$9 + 25 = \overline{AD}^2 + 18$ 　　$\therefore \overline{AD}^2 = 16$
따라서 $\overline{AD}$를 한 변으로 하는 정사각형의 넓이는 16 cm^2 이다.

16 ($\overline{AB}$를 지름으로 하는 반원의 넓이)
$= \dfrac{1}{2} \times \pi \times 4^2 = 8\pi (\text{cm}^2)$
$\therefore$ ($\overline{AC}$를 지름으로 하는 반원의 넓이)
$=$ ($\overline{AB}$를 지름으로 하는 반원의 넓이)
$\quad\quad + $ ($\overline{BC}$를 지름으로 하는 반원의 넓이)
$= 8\pi + 5\pi$
$= 13\pi (\text{cm}^2)$

Ⅴ. 확률

🔟 경우의 수

준비 해 보자

175쪽

(1) 소수만을 모두 찾아 색칠하면 다음과 같다.

10	4	1	9	15	12	8
15	11	3	7	2	20	16
8	14	9	10	5	8	6
4	19	17	13	23	15	1
6	2	4	14	1	6	12
21	7	19	5	3	15	20
10	1	6	18	12	4	9

⇨ 토끼가 아침에 먹은 당근은 2개이다.

(2) 12의 약수는 1, 2, 3, 4, 6, 12이므로 12의 약수만을 모두 찾 아 색칠하면 다음과 같다.

8	7	9	10	5	11	7
5	6	11	7	4	16	9
7	2	19	5	1	7	16
16	3	13	15	3	10	5
5	6	2	12	4	2	14
9	8	11	7	6	7	8
7	9	10	5	2	11	13

⇨ 토끼가 저녁에 먹은 당근은 4개이다.
따라서 토끼가 아침과 저녁에 먹은 당근은 모두 $2 + 4 = 6$(개)이다.

답 **6개**

29 사건과 경우의 수

178쪽

1-1 　(1) **1** 　(2) **2**
(1) 모두 뒷면이 나오는 경우는 (뒷면, 뒷면)의 1가지이다.
(2) 앞면이 한 번만 나오는 경우는 (앞면, 뒷면), (뒷면, 앞면)의 2가지이다.

2-1 　답 **3**
1000원을 지불할 때 사용하는 동전의 개수를 표로 나타내면 다 음과 같다.

16 정답 및 풀이

500원(개)	2	1	0
100원(개)	0	5	10
금액(원)	1000	1000	1000

따라서 구하는 방법의 수는 3이다.

30 사건 A 또는 사건 B가 일어나는 경우의 수
181쪽

1-1 8
12의 약수가 나오는 경우는 1, 2, 3, 4, 6, 12의 6가지이고, 5의 배수가 나오는 경우는 5, 10의 2가지이다.
따라서 구하는 경우의 수는
$6+2=8$

2-1 답 8
두 수의 합이 5인 경우는 $(1, 4)$, $(2, 3)$, $(3, 2)$, $(4, 1)$의 4가지이고, 두 수의 합이 7인 경우는 $(2, 5)$, $(3, 4)$, $(4, 3)$, $(5, 2)$의 4가지이다.
따라서 구하는 경우의 수는
$4+4=8$

31 두 사건 A와 B가 동시에 일어나는 경우의 수
184~185쪽

1-1 18
김밥을 고르는 경우의 수는 6이고, 그 각각에 대하여 라면을 고르는 경우의 수는 3이다.
따라서 구하는 경우의 수는
$6×3=18$

2-1 답 20
들어가는 출입구를 선택하는 경우의 수는 5이고, 그 각각에 대하여 나오는 출입구를 선택하는 경우의 수는 들어간 출입구를 제외한 4이다.
따라서 구하는 경우의 수는
$5×4=20$

3-1 답 (1) 16 (2) 4
(1) 정사면체 모양의 주사위를 한 번 던질 때 나오는 경우의 수는 4이다.

따라서 정사면체 모양의 주사위를 두 번 던질 때 일어나는 모든 경우의 수는
$4×4=16$
(2) 짝수가 나오는 경우는 2, 4의 2가지이고, 그 각각에 대하여 소수가 나오는 경우는 2, 3의 2가지이다.
따라서 구하는 경우의 수는
$2×2=4$

3-2 답 6
주사위 A에서 3의 배수의 눈이 나오는 경우는 3, 6의 2가지이고, 그 각각에 대하여 주사위 B에서 4의 약수의 눈이 나오는 경우는 1, 2, 4의 3가지이다.
따라서 구하는 경우의 수는
$2×3=6$

32 여러 가지 경우의 수
190~191쪽

1-1 답 720
구하는 경우의 수는 6명을 한 줄로 세우는 경우의 수와 같으므로
$6×5×4×3×2×1=720$

2-1 답 24
A를 맨 앞에, D를 맨 뒤에 고정하고 나머지 4명을 한 줄로 세우면 되므로 구하는 경우의 수는
$4×3×2×1=24$

3-1 답 16
두 자리 수가 홀수이려면 일의 자리 숫자가 홀수이어야 한다.
즉, 일의 자리에 올 수 있는 숫자는 1, 3, 7, 9의 4개이다.
이때 십의 자리에 올 수 있는 숫자는 일의 자리의 숫자를 제외한 4개이다.
따라서 구하는 홀수의 개수는
$4×4=16$

3-2 답 18
세 자리 수가 홀수이려면 일의 자리의 숫자가 홀수이어야 한다.
일의 자리에 올 수 있는 숫자는 3, 9의 2개이다.
이때 백의 자리에 올 수 있는 숫자는 일의 자리의 숫자와 0을 제외한 3개, 십의 자리에 올 수 있는 숫자는 백의 자리와 일의 자리의 숫자를 제외한 3개이다.
따라서 구하는 홀수의 개수는
$2×3×3=18$

⑪ 확률과 그 기본 성질

준비 해 보자

(1) 4의 약수의 눈이 나오는 경우는 1, 2, 4의 3가지이다.
　　⇨ 나
(2) 6 이하의 눈이 나오는 경우는 1, 2, 3, 4, 5, 6의 6가지이다.
　　⇨ 비
(3) 9의 배수의 눈이 나오는 경우는 없으므로 구하는 경우의 수는 0이다.
　　⇨ 잠
따라서 완성된 단어는 나비잠이다.

🖺 나비잠

33 확률의 뜻

❶-1 🖺 $\dfrac{1}{5}$

20명의 학생 중에서 가장 좋아하는 과목이 수학인 학생은 4명이므로 구하는 확률은

$$\dfrac{4}{20}=\dfrac{1}{5}$$

❷-1 🖺 $\dfrac{1}{6}$

모든 경우의 수는 $6\times 6=36$
두 눈의 수의 합이 7인 경우는 $(1, 6)$, $(2, 5)$, $(3, 4)$, $(4, 3)$, $(5, 2)$, $(6, 1)$의 6가지이다.
따라서 구하는 확률은

$$\dfrac{6}{36}=\dfrac{1}{6}$$

❸-1 🖺 $\dfrac{1}{3}$

모든 경우의 수는 $3\times 3=9$
5의 배수이려면 일의 자리에 올 수 있는 숫자는 0의 1개, 십의 자리에 올 수 있는 숫자는 일의 자리의 숫자를 제외한 3개이다.
따라서 두 자리 자연수가 5의 배수인 경우의 수는 $1\times 3=3$이므로 구하는 확률은

$$\dfrac{3}{9}=\dfrac{1}{3}$$

❹-1 🖺 $\dfrac{1}{2}$

전체 8개의 칸 중에서 6의 약수는 1, 2, 3, 6의 4개이다.
따라서 구하는 확률은 $\dfrac{4}{8}=\dfrac{1}{2}$

34 확률의 성질

❶-1 🖺 (1) $\dfrac{5}{8}$ (2) 1 (3) 0

모든 경우의 수는 $3+5=8$
(1) 주머니 안에 포도 맛 사탕이 5개 들어 있으므로 구하는 확률은
$$\dfrac{5}{8}$$
(2) 주머니 안의 사탕은 모두 딸기 맛 또는 포도 맛 사탕이므로 구하는 확률은 1
(3) 주머니 안에 사과 맛 사탕은 없으므로 구하는 확률은 0

❶-2 🖺 (1) 0 (2) $\dfrac{5}{36}$ (3) 1

(1) 두 눈의 수의 합은 항상 2 이상이므로 구하는 확률은 0
(2) 모든 경우의 수는 $6\times 6=36$
　　두 눈의 수의 합이 6인 경우는 $(1, 5)$, $(2, 4)$, $(3, 3)$, $(4, 2)$, $(5, 1)$의 5가지이므로 구하는 확률은 $\dfrac{5}{36}$
(3) 두 눈의 수의 합은 항상 12 이하이므로 구하는 확률은 1

❷-1 🖺 $\dfrac{4}{5}$

모든 경우의 수는 $5\times 4\times 3\times 2\times 1=120$
E가 맨 뒤에 서는 경우의 수는 $4\times 3\times 2\times 1=24$이므로 그 확률은 $\dfrac{24}{120}=\dfrac{1}{5}$
∴ (E가 맨 뒤에 서지 않을 확률)
　　$=1-$(E가 맨 뒤에 설 확률)
　　$=1-\dfrac{1}{5}=\dfrac{4}{5}$

❸-1 🖺 $\dfrac{15}{16}$

모든 경우의 수는 $2\times 2\times 2\times 2=16$
4개의 문제를 모두 틀리는 경우의 수는 1이므로 그 확률은 $\dfrac{1}{16}$
∴ (적어도 한 문제는 맞힐 확률)
　　$=1-$(4개의 문제를 모두 틀릴 확률)
　　$=1-\dfrac{1}{16}=\dfrac{15}{16}$

18 정답 및 풀이

12 확률의 계산

205쪽

준비 해 보자

(앞면이 적어도 한 번 나올 확률)

$=1-$(두 번 모두 뒷면이 나올 확률)

$=1-\dfrac{1}{4}=\dfrac{3}{4}$

따라서 $\dfrac{3}{4}$ 을 출발점으로 하여 따라가면 다음 그림과 같으므로 설명에 알맞은 나라는 모나코이다.

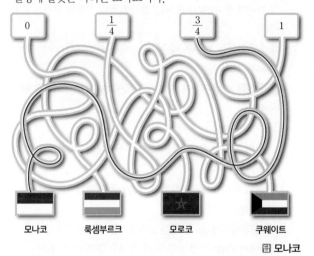

| 모나코 | 룩셈부르크 | 모로코 | 쿠웨이트 |

目 모나코

35 사건 A 또는 사건 B가 일어날 확률

208쪽

1-1 目 $\dfrac{2}{5}$

전체 학생 수는 $5+7+5+3=20$

A형인 학생은 5명이므로 그 확률은 $\dfrac{5}{20}=\dfrac{1}{4}$

AB형인 학생은 3명이므로 그 확률은 $\dfrac{3}{20}$

따라서 구하는 확률은

$\dfrac{1}{4}+\dfrac{3}{20}=\dfrac{2}{5}$

2-1 目 $\dfrac{7}{12}$

모든 경우의 수는 $4\times3=12$

14 이하인 수는 12, 13, 14의 3개이므로 그 확률은

$\dfrac{3}{12}=\dfrac{1}{4}$

34 이상인 수는 34, 41, 42, 43의 4개이므로 그 확률은

$\dfrac{4}{12}=\dfrac{1}{3}$

따라서 구하는 확률은

$\dfrac{1}{4}+\dfrac{1}{3}=\dfrac{7}{12}$

36 두 사건 A와 B가 동시에 일어날 확률

211쪽

1-1 目 $\dfrac{20}{49}$

주머니 A에서 흰 공이 나올 확률은 $\dfrac{4}{7}$

주머니 B에서 검은 공이 나올 확률은 $\dfrac{5}{7}$

따라서 구하는 확률은

$\dfrac{4}{7}\times\dfrac{5}{7}=\dfrac{20}{49}$

2-1 目 $\dfrac{3}{5}$

선주가 불합격할 확률은 $1-\dfrac{2}{5}=\dfrac{3}{5}$

영호가 불합격할 확률은 $1-\dfrac{1}{3}=\dfrac{2}{3}$

∴ (두 사람 모두 불합격할 확률)$=\dfrac{3}{5}\times\dfrac{2}{3}=\dfrac{2}{5}$

따라서 적어도 한 사람은 합격할 확률은

$1-$(두 사람 모두 불합격할 확률)$=1-\dfrac{2}{5}=\dfrac{3}{5}$

37 연속하여 꺼내는 경우의 확률 215쪽

1-1 目 $\dfrac{4}{25}$

첫 번째에 짝수가 적힌 카드를 뽑을 확률은 $\dfrac{2}{5}$

두 번째에 짝수가 적힌 카드를 뽑을 확률은 $\dfrac{2}{5}$

따라서 구하는 확률은

$\dfrac{2}{5}\times\dfrac{2}{5}=\dfrac{4}{25}$

2-1 답 $\dfrac{4}{175}$

첫 번째에 불량품을 꺼낼 확률은 $\dfrac{8}{50}=\dfrac{4}{25}$

두 번째에 불량품을 꺼낼 확률은 $\dfrac{7}{49}=\dfrac{1}{7}$

따라서 구하는 확률은

$\dfrac{4}{25}\times\dfrac{1}{7}=\dfrac{4}{175}$

문제를 Go,Go! 풀어 보자

217~220쪽

1 9	**2** 6	**3** 7	**4** ①
5 ③	**6** ③	**7** ③	**8** 55
9 ①	**10** ③	**11** ③	**12** ②
13 ①	**14** ⑤	**15** ①	**16** ③

1 1부터 25까지의 자연수 중 소수는 2, 3, 5, 7, 11, 13, 17, 19, 23이므로 구하는 경우의 수는 9이다.

2 550원을 지불하는 경우를 표로 나타내면 다음과 같다.

100원 (개)	5	4	3	2	1	0
50원 (개)	1	3	5	7	9	11
금액 (원)	550	550	550	550	550	550

따라서 구하는 경우의 수는 6이다.

3 두 눈의 수의 합이 9인 경우는 $(3, 6)$, $(4, 5)$, $(5, 4)$, $(6, 3)$의 4가지이고, 두 눈의 수의 합이 10인 경우는 $(4, 6)$, $(5, 5)$, $(6, 4)$의 3가지이다.

따라서 구하는 경우의 수는

$4+3=7$

4 등산로를 한 가지 선택하여 올라가는 경우의 수는 9이고, 그 각각에 대하여 올라갈 때와 다른 길을 선택하여 내려오는 경우의 수는 8이다.

따라서 구하는 경우의 수는

$9\times8=72$

5 첫 번째에 7의 약수가 나오는 경우는 1, 7의 2가지이고, 두 번째에 3의 배수가 나오는 경우는 3, 6, 9, 12의 4가지이다.

따라서 구하는 경우의 수는

$2\times4=8$

6 구하는 경우의 수는 5명 중에서 2명을 뽑아 한 줄로 세우는 경우의 수와 같으므로

$5\times4=20$

7 일의 자리에 올 수 있는 숫자는 4, 6, 8의 3개이다. 이때 십의 자리에 올 수 있는 숫자는 일의 자리의 숫자를 제외한 4개이다.

따라서 구하는 짝수의 개수는

$3\times4=12$

다른 풀이 짝수이려면 일의 자리 숫자가 4 또는 6 또는 8이어야 한다.

(i) ▢4인 경우

십의 자리에 올 수 있는 숫자는 4를 제외한 4개

(ii) ▢6인 경우

십의 자리에 올 수 있는 숫자는 6을 제외한 4개

(iii) ▢8인 경우

십의 자리에 올 수 있는 숫자는 8을 제외한 4개

이상에서 만들 수 있는 두 자리 자연수 중 짝수의 개수는

$4+4+4=12$

8 5의 배수이려면 일의 자리 숫자가 0 또는 5이어야 한다.

(i) ▢▢0인 경우

백의 자리에 올 수 있는 숫자는 0을 제외한 6개, 십의 자리에 올 수 있는 숫자는 0과 백의 자리에 놓인 숫자를 제외한 5개이므로 $6\times5=30$(개)

(ii) ▢▢5인 경우

백의 자리에 올 수 있는 숫자는 0, 5를 제외한 5개, 십의 자리에 올 수 있는 숫자는 5와 백의 자리에 놓인 숫자를 제외한 5개이므로 $5\times5=25$(개)

(i), (ii)에서 구하는 5의 배수의 개수는

$30+25=55$

9 모든 경우의 수는 $6\times6=36$

두 눈의 수의 합이 2인 경우는 $(1, 1)$의 1가지이다.

따라서 구하는 확률은

$\dfrac{1}{36}$

10 모든 경우의 수는 $4 \times 3 = 12$

65보다 큰 수인 경우는 68, 84, 85, 86의 4가지

따라서 구하는 확률은

$$\frac{4}{12} = \frac{1}{3}$$

11 ② 0이 적힌 구슬은 없으므로 그 확률은 0이다.

③ 구슬에 적힌 수는 모두 10 이하이므로 그 확률은 1이다.

④ 10 이상의 수는 10의 1개이므로 그 확률은 $\frac{1}{10}$이다.

⑤ 4의 배수가 적힌 구슬이 나올 확률은 $\frac{2}{10} = \frac{1}{5}$

5의 배수가 적힌 구슬이 나올 확률은 $\frac{2}{10} = \frac{1}{5}$

이므로 4의 배수가 적힌 구슬이 나올 확률과 5의 배수가 적힌 구슬이 나올 확률은 같다.

따라서 옳지 않은 것은 ③이다.

12 경품을 받을 확률은 $\frac{75}{100} = \frac{3}{4}$이므로 구하는 확률은

$$1 - \frac{3}{4} = \frac{1}{4}$$

13 모든 경우의 수는 31

월요일을 선택하는 경우의 수는 5이므로 그 확률은 $\frac{5}{31}$

목요일을 선택하는 경우의 수는 4이므로 그 확률은 $\frac{4}{31}$

따라서 구하는 확률은

$$\frac{5}{31} + \frac{4}{31} = \frac{9}{31}$$

14 (전구에 불이 들어올 확률)

$=$ (A 스위치가 닫힐 확률) $\times$ (B 스위치가 닫힐 확률)

$$= \frac{1}{4} \times \frac{1}{6} = \frac{1}{24}$$

15 희은이가 당첨 제비를 뽑을 확률은 $\frac{3}{12} = \frac{1}{4}$

은영이가 당첨 제비를 뽑지 않을 확률은 $\frac{9}{12} = \frac{3}{4}$

따라서 구하는 확률은

$$\frac{1}{4} \times \frac{3}{4} = \frac{3}{16}$$

16 첫 번째에 홀수가 적힌 카드가 나올 확률은 $\frac{6}{11}$

두 번째에 홀수가 적힌 카드가 나올 확률은 $\frac{5}{10} = \frac{1}{2}$

∴ (2장 모두 홀수가 적힌 카드가 나올 확률)

$$= \frac{6}{11} \times \frac{1}{2} = \frac{3}{11}$$

따라서 적어도 한 장은 짝수가 적힌 카드가 나올 확률은

$1 -$ (2장 모두 홀수가 적힌 카드가 나올 확률)

$$= 1 - \frac{3}{11} = \frac{8}{11}$$

MEMO

MEMO

MEMO

www.mirae-n.com

학습하다가 이해되지 않는 부분이나 정오표 등의 궁금한 사항이 있나요?
미래엔 홈페이지에서 해결해 드립니다.

교재 내용 문의
나의 교재 문의 | 수학 과외쌤 | 자주하는 질문 | 기타 문의

교재 정답 및 정오표
정답과 해설 | 정오표

교재 학습 자료
개념 강의 | 문제 자료 | MP3 | 실험 영상

Contact Mirae-N
www.mirae-n.com
(우)06532 서울시 서초구 신반포로 321
1800-8890